不同品种（海尔特兹与波尔卡）的果实形态

树莓茎皮刺多少与品种（海尔特兹、秋英、无皮刺植株待鉴定）有关

覆膜栽植、起垄栽植、搭架

组织培养育苗

红树莓

优质丰产栽培技术

王建新　编著

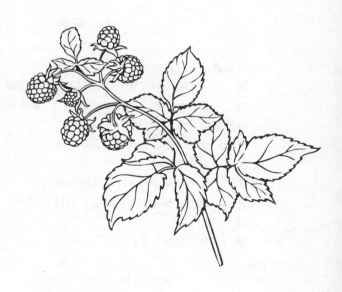

西北农林科技大学出版社

图书在版编目（CIP）数据

红树莓优质丰产栽培技术 / 王建新编著 . —杨凌：
西北农林科技大学出版社，2019.11（2020.12 重印）
ISBN 978-7-5683-0592-1

Ⅰ . ①红…　Ⅱ . ①王…　Ⅲ . ①树莓－果树园艺
Ⅳ . ① S663.2

中国版本图书馆 CIP 数据核字（2019）第 259307 号

红树莓优质丰产栽培技术

王建新　编著

出版发行	西北农林科技大学出版社	
地　　址	陕西杨凌杨武路 3 号	**邮　编**：712100
电　　话	办公室：029-87093105	**发行部**：029-87093302
电子邮箱	press0809@163.com	
印　　刷	西安浩轩印务有限公司	
版　　次	2019 年 11 月第 1 版	
印　　次	2020 年 12 月第 3 次印刷	
开　　本	889mm×1 194mm　1/32	
印　　张	3.5	
字　　数	120 千字	

ISBN 978-7-5683-0592-1

定价：18.00 元

本书编写人员名单

主　　编　王建新

副 主 编　栾生超

编写人员　郭丁琦　李焕蓉　吴志茹　张增坤

　　　　　王　建　姜黎黎　马　琳

PREFACE 前言

　　树莓（*Rubus corchorifolius* L. f.）属于蔷薇科（Rosaceae）悬钩子属（*Rubus* L.）落叶多年生灌木型浆果果树，又名木莓、托盘、马林、山莓，中草药称其为覆盆子，人工培育的栽培品种在园艺学上称其为树莓。

　　树莓原产于欧洲、亚洲、美洲等地，分布于寒带及温带各国，波兰、匈牙利、英国、美国等地有大面积栽培，已形成产业化，树莓在我国的栽培历史约有 90 年左右，目前我国东北各省，以及华北、西北等地都有分布，以黑龙江省栽培最多，是我国北方主要的浆果植物之一。树莓是小灌木，株丛的寿命可达 20 年左右，其适用性和抗旱性强，丰产、稳产，繁殖容易，果实成熟早，熟期仅次于草莓，栽培管理比较简单。

　　树莓中富含鞣花酸（天然抗癌物质）、花青素（清除人体自由基）、覆盆子酮（天然美容减肥物质）、水杨酸（天然阿司匹林）、植物 SOD（超氧化歧化酶）等保健活性成分，还富含氨基酸、维生素、有机酸、矿物质等多种营养成分，被欧美国家称为"黄金水果""癌症的克星"。树莓除鲜食以外，还能加工成多种高档食品和饮料，如果汁、果酱、果粉、果酒、糖果、冷点、糕点等；树莓籽油是稀有的芳香油，为高级化妆品原料之一，已被开发运用于美容、香精、减肥、染料、医药等多个领域；树莓又是蜜源植物和药用植物，有止渴、除痰、发汗、活血的效用，是一种高效、高营养的经济作物。由于树莓具有多种保健功能，被联合国粮农组织向世界推荐为健康小浆果。

随着经济的发展和人民生活水平的提高，树莓的价值和功能将进一步被世人所重视，目前树莓在国内的加工产品还很少，而在发达的欧美国家对树莓的需求量日益增长，这就为树莓产业提供了广阔的发展空间，在增加农民收入及出口创汇等方面发挥着重要作用。1999年，国家林业局正式启动"948"引进项目，从欧美引进树莓优良品种50余个。至2010年，我国树莓的种植区域已扩展至黑龙江、吉林、辽宁、河北、山东、河南、新疆、四川、宁夏等地，总面积约达18万亩（1亩 ≈ 667平方米）。在我国出口型农产品中，树莓速冻果在性价比、利润、国际终端市场直销率3项指标上均高居榜首。我们要抓住发展树莓产业的大好形势，抓住当前有利时机推广发展以树莓为代表的第三代水果，形成出口创汇产业。

本书主要介绍了树莓优质丰产栽培技术，包括树莓的栽培意义、树莓的栽培品种、树莓的生态学特性和科学建园、树莓园的栽培管理、树莓果实的采收和处理、树莓的主要病虫害、树莓的加工等内容。另外，重点以物候期为顺序对树莓管理技术和设施栽培技术进行了全面而又详尽的介绍。在编写过程中，借鉴了大量不同版本的国内外树莓专著的优点，参考了吉林农业大学小浆果研究所、辽宁省果树研究所、江苏省中国科学院研究所等单位的相关技术成果，对树莓设施优质丰产栽培技术进行了简要介绍。

由于时间仓促，书中难免有不足之处，恳请广大读者见谅并批评指正，在此深表感谢！

编者

2019年9月

CONTENT **目录**

第一章　榆林的自然概况

一、自然概况

1. 地理位置

榆林市位于陕西省最北部，地处陕、甘、宁、蒙、晋五省（区）交界接壤地带，地理位置介于东经 107° 28′~111° 15′，北纬 36° 57′~39° 34′ 之间。东临黄河与山西相望，西连宁夏、甘肃，北邻内蒙古，南接本省延安市。辖 1 市 2 区 9 县，共计 156 个乡镇、16 个街道办事处、2974 个行政村，常住人口 341.78 万人（2018年）。地域东西长 385 千米，南北宽 263 千米，总土地面积 43578 平方千米。地貌大体以长城为界，北部为风沙草滩区，占总面积的 42%；南部为黄土丘陵沟壑区，占总面积的 58%。

2. 气候

榆林市属温带半干旱和亚湿润干旱气候，其特点为气候干燥，日照充足，冷热变化剧烈，风大而多，霜期时间长，具有明显的大陆性气候特征。

（1）光热

年平均日照时数 2752.9 小时，日照时数长，有利于多种植物生长。最长为榆阳区 2914.2 小时 / 年，最短为子洲县 2593.5 小时 / 年。光能总辐射量高，年均 144.3 千卡 / 厘米^2，最低为绥德县 128.8 千卡 / 厘米^2（1 千卡≈4.186 千焦）。

（2）气温

温度南暖北凉，东高西低。年平均气温为 7.5~8.6℃，7 月平均气温为 22.2~23.4℃，1 月平均气温为 –8.8～–6.1℃。极端最高气温为 40.8℃，接近西安的极值；极端最低气温为 –32.7℃，与呼和浩特相近。≥10℃积温平均为 2900~3300℃，持续日数为 154.1~203.3 天。年平均日较差气温为 11.2~13.9℃，在作物生长季节最大可达 20℃。黄河、无定河河谷，由于地形内凹，热量易聚不易散，形成一个相对高温的气候条件，西北部比东南部温度变化的年较差和日较差都大。冻土深度一般为 1 米左右，最大冻土深度 1.48 米。无霜期短，平均为 134~169 天，最短仅有 102 天。初霜期平均在 9 月 28 日至 10 月 12 日，最早定边县曾在 9 月 14 日出现；终霜期平均在 4 月 25 日至 5 月 16 日，最迟可到 6 月 9 日。

（3）降水

年平均降水量 316~513 毫米，降水南多北少，东多西少，东西差异超过南北差异。降水由西北向东南递增，主要集中在七、八、九 3 个月，约占全年降水量的 60%~70%。降水地域分布不均，风沙区一般在 325~425 毫米之间，丘陵区在 400~500 毫米之间。年平均蒸发量 1508~2502 毫米，是降水量的 5~6 倍，干燥度 2.22~3.58。

榆林是陕西省降水量最少的地区，且蒸发量远大于降水量，干燥度大，素有"十年九旱"之称。这在一定程度上限制了林木的生长，形成了乔木灌木化和灌木矮化的特点，农作物也经常发生季节性或时段性干旱。加之暴雨常伴有冰雹，加剧了水土流失。

3. 土壤

在不同自然条件和成土母质影响下，榆林北部为栗钙土地带，南部为黑垆土地带。两类土壤均反映该地干旱的生物气候特征，其共同的特点是腐殖质积累作用弱，钙化作用强烈，并伴有一定程度的盐分积累。受小地域自然因素和人为活动的影响，目前地带性土壤残留面积比较小且呈零星分布，全市残余地带性土壤仅占总面积的 3.3%，绝大部分为松散贫瘠的风沙土、黄绵土、盐碱土、草甸土、沼泽土、水稻土、绵沙土等呈区域性分布，非地带性土壤土类占全市的 96.7%。

4. 经济

2018 年，榆林市全年生产总值 3848.62 亿元，比上年增长 9.0%。按常住人口计算，人均生产总值 112845 元，约合 16442 美元。2018 年，全年造林面积 74.5 万亩[①]，比上年增长 7.0%。

5. 主要经济林树种

（1）大红枣

榆林大红枣是驰名中外的陕西传统名优特产之一。其特点是果大核小，皮薄肉厚，质脆丝长，汁多味甜，甘美醇香，含糖量高，色泽鲜红，水分较少，贮藏期长，品质优良。真乃"味夺石蜜

---

① 1 亩 ≈ 667 平方米。全书同。

甜偏永，红迈朱樱色莫论"，是色、香、味、形俱全的红枣。平均单果重 12.6 克，大者可达 35 克，鲜果含可溶性糖 43.48%，还原性糖 40.82%，蔗糖 2.53%，核肉比为 0.5∶2.5，好果率达 90% 以上。在《中国枣树志》审定会上，榆林大红枣享有很高的评价。

（2）海红果

海红果树大部分集中分布在府谷县，属世界稀有树种。海红果色泽鲜艳，酸甜可口，营养丰富，含钙量高，为水果之冠，素有"钙王"之称，具有健脾胃、增食欲、助消化之功效。府谷县共有海红树 15067 亩，目前已有 20 万株挂果，年产鲜果 1500~2000 吨。利用海红果制成的饮料、果脯、罐头、果丹皮、海红干、果酒、糖葫芦等，是天然的绿色食品，行销北京、上海、广州、贵阳、西安、浙江等 10 多个省市，年收入 100 多万元。

（3）花椒

"一年苗、二年条、三年四年把钱摇"，小花椒是栽培历史悠久的乡土树种，重点分布在府谷黄河沿岸和吴堡县；大红袍花椒是 20 世纪 70 年代引进并率先在吴堡县进行栽培的，至今吴堡县约有花椒树 4000 多亩，其中成片林 3000 多亩，家户头零星种植约 3 万多株。据有关资料统计，2018 年吴堡县产花椒约 7600 千克，产值约 350 万元。

（4）仁用杏

杏树喜光、耐旱、抗逆性强，寿命可达百年，为榆林南部山区特别是黄土高原丘陵沟壑地带主栽的传统优良经济树种。宋朝诗人陆游的"小楼一夜听春雨，深巷明朝卖杏花"和范成大的"浩荡风光无畔岸，如何锁得杏春园"，均描写了春季杏花盛开的情景，其中的"无畔岸"指的就是无定河畔，足以说明杏树在本区栽植历史悠久。仁用杏重点在榆阳区、横山区、定边县、靖边县等地发展得较好，特别是榆阳区仁用杏树种植面积已达 15 万亩，年产杏核 200 多万公斤，产值达 3000 多万元。近年来，榆阳区举办"大美榆阳杏树文化旅游"系列活动，不断挖掘榆阳杏文化内涵，拓展榆阳杏仁品牌市场，助力榆阳杏仁产业转型升级。目前榆阳杏已成为畅销产品，榆阳杏仁也已由榆阳区人民政府申报国家地理标志产品保护。

（5）核桃

核桃，既是较好的用材树，又是木本油料树，是陕西关中、陕南、渭北的重要经济树种。核桃仁营养丰富，含油率高，可食用，可药用。近年来，由于陕北的气候变暖和降水的增加，经多年的栽种观察，核桃树明显适应榆林南部山区的自然气候条件，有很大的发展空间。目前仅子洲县核桃发展估计已达 35 万亩。榆林南部山区六县栽植核桃约 50 万亩。

（6）山地苹果

山地苹果是榆林的一大优势特色产业，据有关资料，榆林光照充足、通风好、昼夜温差大、病虫害少，其苹果的品质优于国家鲜果标准，居全国山地苹果之冠。全市有 8 个县区列入陕西优质苹果基地县。2016 年，榆林山地苹果获得原农业部农产品地理标志认证。2018 年年底，全市山地苹果种植面积达 90 万亩，产量 45 万吨。

第二章 树莓栽培概述

一、树莓的栽培意义

树莓是当今风靡世界的第三代水果中的佼佼者，国际上称为"第三代黄金水果"。所谓第三代水果是指风味、口感俱佳，营养丰富，并具有食疗保健作用的水果。

第一代水果（梨、苹果、橘子、桃、李、杏、葡萄等）讲的是糖分；第二代水果（猕猴桃、草莓、山楂等）讲的是维生素；第三代水果（树莓、蓝莓、黑加仑、沙棘等）讲的是花青素。

树莓具有生长快、投产早、产量高、供应期长和经济价值高的特点。大部分品种栽种后当年即可结果，2~3 年进入盛果期，单位面积产量一般为 1.3 万 ~1.8 万千克 / 公顷。

中国药典对树莓的论述：《本草纲目》记载：树莓（覆盆子）根、茎、叶、果亦为药用，味甘性平，无毒；益肾固精，补肝明目，缩尿。《药性论》记载：改善男子肾精虚弱阳痿，能坚持久长；女子食之有子。《日华子本草》记载：安五脏，益颜色，养精气，长发，强志；疗中风身热及惊。《开宝本草》记载：补虚续绝，强阴建阳，悦泽肌肤，安和肺腑，温中益力，疗劳损风虚，补肝明目。

现代医学研究证明树莓富含人体必需的多种氨基酸和维生素，被誉为"生命之果"，它含有：

◎血管的清道夫——SOD

◎天然阿司匹林——水杨酸

◎瘦身元素——覆盆子酮

◎癌细胞的克星——鞣花酸

◎视力的保护因子——花青素

◎抗衰老的佳品——原花青素

◎生命活动最基本物质——氨基酸

1. 营养价值

树莓是高营养水果，长期以来，树莓果在国际市场上一直是奇货可居。在果业大家族中，树莓处于果业家族中最顶端的地位，在全球市场下都凸显出树莓资源的稀缺性。树莓是食品工业及医药的重要原料，果肉可制作果酱、果干、果汁、果酒、调味料等，还可用做各种食品的原料，例如酸奶、冰淇淋、夹心饼干和巧克力等。

树莓果实味道鲜美，含有大量对人体健康有益的物质。除了含有常规的糖、酸外，还含有丰富的抗氧化成分，如维生素 C、维生素 E、维生素 A 和 β - 胡萝卜素等。树莓果色泽诱人，是多种加工食品的天然色素添加剂；果肉多汁，甜酸适口，馨郁芳香，营养丰富，易于人体吸收，有改善新陈代谢、提高免疫力的作用。据分析，树莓鲜果含有粗脂肪 0.66%~0.76%、蛋白质 0.82%~1.04%、总糖 6.41%~9.61%、有机酸 1.49%~2.50%，每 100 克鲜果含有 β - 胡萝卜素 0.27~0.53 毫克、维生素 C 5.5~24.3 毫克、维生素 E 0.11~0.19 毫克。另外，每 100 克鲜果肉含总氨基酸达 1.06~1.14 毫克。树莓品种多，不同品种搭配栽植，自初夏至秋季霜降均有果实成熟，鲜果供应期长达近 3 个月。冻果和果浆是重要的出口水果。

2. 保健价值

树莓果实含有很多有机酸成分，食入口中酸味显著。树莓果是纤维素含量高的果品，这有助于防治心脏病，还可降低血液中的胆固醇含量，可溶性纤维素也有助于防治糖尿病，降低二氧化碳进入血液，以维持血液中葡萄糖的水平。据报道，树莓含有水杨酸、黄酮、超氧化物歧化酶（SOD）等抗衰老和抗癌物质。水杨酸可作为发汗剂，是治疗感冒、咽喉炎的降热药。美国明尼苏达大学和南卡罗莱纳医科大学贺岭斯癌症中心的研究证实，鞣花酸对结肠癌、宫颈癌、乳腺癌和胰腺癌有特殊疗效。

哈尔滨医科大学附属第四医院张浩鹏等（2019）的研究结果证实，红树莓提取物不但可以缓解二乙基亚硝胺（DEN）诱导的肝损伤，也可以降低肝癌的发生率，红树莓提取物在体外对肝癌 SMMC-7721 细胞的增殖具有明显的抑制作用，并且随着提取物浓度的增加，抑制作用愈明显。研究还表明，红树莓中的多酚类化合物可以通过影响细胞信号通路，阻止或者延缓慢性炎症的相关疾病，如糖尿病、心血管疾病和癌症等。

近些年对于植物多糖的研究较多，研究表明多糖具有调节机体免疫力、抗氧化、抗肿瘤、抗疲劳、抗癌、抗菌、防辐射以及降糖脂等生理活性。哈尔滨商业大学食品工程学院、省高校食品科学与工程重点实验室徐丽萍等（2018）以红树莓为原料，采用复合酶法对红树莓多糖进行提取，再经过 DEAE-Sepharose Fast Flow 离子交换柱层析和葡聚糖凝胶柱层析进行分离纯化，并且分别采用高效液相凝胶色谱法和气相色谱法测定分子量和单糖组成，通过动物实验对其降血脂作用进行研究。结果表明：RRP-I分子量为 11220.1845 Da，单糖组成为由葡萄糖组成的均一多糖。灌胃 RRP-I 后的高血脂大鼠，血清中的四项指标 TG（甘油三酯）、TC（总胆固醇）、LDL-C（低密度脂蛋白）水平降低，HDL-C（高密度脂蛋白）水平升高。RRP-I 低、中、高剂量组大鼠血清中 TG、TC 和 LDL-C 水平均呈下降趋势，而HDL-C 呈上升趋势，呈现出一定量效关系，表明 RRP-I 具有降血脂作用。以上结果表明，RRP-I 可以改善高脂血症大鼠的血脂水平，为红树莓多糖降血脂药物提供了理论依据。可见红树莓多糖具有降血脂作用。

3. 生态价值

树莓花艳果美、耐旱耐瘠，抗寒性强，在平地、庭院、丘陵山地、荒坡荒沟均可种植，对土质无特殊要求，分蘖力强，根状茎地下交织成网状，可快速恢复植被，是水土保持、荒山绿化、退耕还林的优良生态经济树种，对推动"以果治荒"、增加绿色覆盖，减少水土流失和带动农村经济发展，促进农民增收及保护生态环境等都具有重要意义。

4. 加工价值

近年来人们的消费观念已经发生了很大的变化，更加关注食品的营养保健作用，越来越追求新奇特和保健果品，树莓正迎合了人们的这种需求。果汁型软饮料正在替代碳酸饮料，消费量逐年增加。树莓果除鲜食外，对其进行加工方便容易，适合我国国人口味的树莓系列食品，包括果汁、果酱、果酒、果冻、高档夹心饼干、点心、果茶、酸奶、冰激凌及树莓茶叶等已经走向市场，利用提取物制药、生产化妆品的产业化前景非常广阔。相信随着人民生活水平的提高，树莓的众多保健功能将被大众所认识，国内对树莓的需求量也会急增。安徽省林业科学研究院杨婷婷 2012 年在"树莓的研究现状及开发利用"论文中表明，树莓叶片精油中含大量的烷烃、香茅醇、香叶醇、单萜和倍半萜等多种化合物，长期以来一直是国际食品工业市场流行的精油之一，可用于食品加工行业中；在化工方面可用来生产高级香料、高级化妆品，市场价格昂贵，需求量十分巨大。作为一种多功能树种，树莓的开发利用越来越多地受到人们关注。

二、树莓生产现状

1. 世界树莓发展概况

红树莓的人工栽培源于欧洲，16 世纪中期西欧开始栽培树莓，至今已有数百年历史。目前全世界树莓种植面积约 22 万公顷，总产量约 62 万吨，其中红树莓总产量约 45 万吨（董凤祥，2017）。

主要生产国包括波兰、塞尔维亚、智利、美国、加拿大、俄罗斯、乌克兰、英国等。

树莓加工和零售以北美（美国、加拿大）和西欧（德国、法国、英国）为中心，占世界零售市场的80%。在树莓种植和出口领域，北半球的塞尔维亚和南半球的智利占据着全球出口市场的60%以上。在树莓深加工和零售领域，美国、加拿大、德国、法国、英国处在第一位，占据世界市场的80%。美国、德国、法国、英国为进口大国。

近年来，智利和韩国是树莓发展最快的国家，智利利用南半球的气候优势以及北美市场需求的拉动，已成为南半球主要出口国。韩国的崛起，源自于国内酿酒工业的需求，其覆盆子酒已成为出口创汇的重要产品。

2. 我国树莓引种栽培概况

全世界大约有树莓750多个种，广泛分布于北半球的温带至寒带地区，热带的山区和南半球也有少量的分布。中国是世界上树莓资源非常丰富的国家之一，据《中国植物志》记载，我国有树莓194个种88个变种，其中特有种138个，实际上已经发表的有201种98个变种。

虽然我国的野生树莓资源相当丰富，但树莓在我国的栽培历史并不长，树莓生产和研究工作开展的时间较短，目前仍处于起步阶段，相对于国外较发达的树莓生产和内容较为广泛深入的研究，我国只在种质资源调查、引种、花芽分化、果实生理特性、果实营养成分分析、丰产性、越冬性、组织培养等方面进行了初步的零星研究，远不能满足我国树莓产业发展和研究的需要。

我国引种树莓的历史可分为 3 个阶段：第 1 阶段为 20 世纪初，俄罗斯人将树莓带入中国，在黑龙江省等地栽培；第 2 阶段为 20 世纪 80 年代，主要为沈阳农业大学、吉林农业大学和南京植物所等单位先后从俄罗斯和美国引进少量品种；第 3 阶段为 1999 年至今，1999 年国家林业局正式启动《948 引进国际先进农业科学技术项目》，由中国林业科学研究院森林生态环境与保护研究所从美国引进树莓和黑莓品种 50 余份。这些品种直接来源于美国，但其中部分品种间接来源于加拿大、澳大利亚、匈牙利、英国等国家，所引入的品种基本上包括目前世界上较好的树莓品种。例如，秋果型品种'海尔特兹'（Heritage）成为辽宁及华北地区主栽品种；夏果型品种'托拉蜜'（Tulameen）以其果大、味香、采果期长深受欢迎。树莓在华北、西北、东北部分地区适应性较好，但在各地的发展规模、速度，特别是引种方面普遍存在很大的盲目性，比如：在选择品种时缺乏区域化试验依据；不根据市场需要选择引种品种；不注重苗木质量，品种混乱，导致先天不足，给今后发展造成极大困难。红树莓自黄河以北至西南高海拔地区都有引种，规模种植集中在黑龙江、辽宁，其中以辽宁发展最快，至 2015 年红树莓栽培面积近 105130 公顷（见表 1）。主栽品种有美国 22 号（Royalyt）、费尔杜德（Fertodi）、托拉蜜（Tulameen）、澳洲红等。

表 1 中国树莓 2013—2015 年栽培面积

单位：公顷

省份	2013 年	2014 年	2015 年
辽宁	7600	9750	12300
黑龙江	12500	13000	13200
河南	9000	13000	20000
江苏	10000	16000	30000
山东	8000	16000	20000
河北	500	2400	3000
宁夏	0.3	80	130
青海	728	1304	2400
安徽	30	70	120
江西	3000	3000	3000
贵州	50	80	200
湖南	—	—	60
西藏	0	0	400
浙江	10	30	100
湖北	3	50	80
上海	5	40	140
合计	51426.3	74804	105130

注：引自董凤祥《中国树莓产业发展现状问题及前景》。

在红树莓新品种方面，据中国林科院林研所董凤祥（2017）介绍，我国引进和现在栽培的红树莓品种主要有：米克（Meeker）、托拉蜜（Tulameen）、维拉米（Willametter）、费尔杜德（Fertodi）、美国 22 号、秋来斯（Autumn Bliss）、秋英（Autumn Britten）、海尔特兹（Heritage）、萨米特（Summit）、波尔卡（Porlka）等。

树莓品种的命名：中国栽培的树莓品种多由国外培育并引入，与蓝莓一样，命名多为英译名称。

深加工方面，近几年我国黑龙江、辽宁、吉林、天津、新疆等地先后进行果酒、饮料、浓缩汁、果酱及速冻食品的研究及新产品的开发；蒙牛、伊利已推出树莓口味的酸奶，新康食品推出了新康树莓果酱等。在高科技领域也进行了研究。

医学研究方面，中山大学和广州中药总厂合作对茅莓、掌叶覆盆子等开展药理、药物及成分方面的研究，研制出较有疗效的"止血灵"注射液。最近我国学者刘明博士证实树莓可抑制肝癌细胞生长，首次成功锁定树莓预防肝癌生长的 2 个特异性蛋白质作用靶点，为树莓预防原发性肝癌提供了重要的理论依据。

国内外市场的需求推动了我国树莓的发展，栽培加工已逐步走向理性发展道路。如果国内树莓产业发展顺利，不但会很快占领国内市场，扭转国外产品挤占国内市场的局面，而且会通过数量和价格优势，在国际市场上占据一定的份额。

因此，在品种方面，我国虽然树莓资源丰富，但具有自主知识产权的品种不多，地理跨度较大，气候土壤生态差异较大，从适应性上不能满足复杂的生态条件，引进品种区域试验不足，从经济性能上来说不能满足市场需求，现有品种不能满足机械采摘的需要。

3. 树莓繁殖

树莓是蘖根性灌木，处于灌木与半灌木的中间地位。与灌木不同的是它没有 2 年生以上地上枝。树莓与半灌木也有差异，半灌木的茎在当年几乎全部衰亡。树莓整个株丛由地下部分的根和地上部分的茎、叶、芽和花序、果实组成。

（1）苗木培育

树莓的繁殖方法分有性繁殖和无性繁殖。有性繁殖是用种子培育出实生苗，只用于培育新品种，变异很大，对技术要求高。无性繁殖使用在生产上，品种变异小，繁殖容易，结果早，通常采用根蘖法。研究表明，红树莓类每年 5 月中旬都会发生大量的根蘖苗，4~5 龄的株丛所发生的根蘖苗最多，质量也最好。为了得到高质量的根蘖，必须对母株加强管理，保持土壤湿润、疏松和营养充足，疏去过密的而选留发育良好的根蘖苗，使它们之间的距离在 10~15 厘米左右，最好在雨天挖苗，趁雨天栽植。带根深挖移栽，成活率可达 95% 以上。5 月下旬，苗高已达 35 厘米以上，移栽成活率低，不适宜移栽。除种苗因素外还有水分、温度、土壤等因子均可影响树莓的生根与成活。根蘖苗的优点是生产成本低、价格低廉，缺点是品种老化、退化、病虫害严重。现在生产上大多采用组织培养育苗，工厂化生产，其优点是苗木幼态、旺盛、无病虫害、生长快、抗逆性好、连续产量高。

（2）树莓种植园

红树莓在干旱、半干旱地区造林，要处理好林分结构与土壤水分高效利用的问题，红树莓又是多用途树种，只有营造一个由商品林和生态林构成的网络系统，才能提高整个系统的综合效益。两者相互支撑，互为依托。红树莓的人工造林应主要解决好如下关键问题：①作为商品林，立地条件必须选在离城市较近，交通便利的地段，便于采摘、运输、加工等；作为生态林，可选立地条件相对差的地段，依次选择适宜的种类和品种。②做好蓄水保墒工作以提高土壤水分利用效率，如选择适宜的造林季节、提前整地、汇集降水、地表覆盖等。同时，注意合理密植以造成土壤干层。③及时平茬、更新复壮，在稳定后期或初衰型群落内实施平茬，可在短期内恢复种群的数量和结构，从而保证种群的可持续利用。

树莓种植园是其商品林的集约经营形式，是提高产量和质量的有效途径。随着人们对树莓的认知不断加深，树莓种植园日益受到重视。树莓种植园明显区别于普通的大面积造林，至少包含3方面的特殊性：①林分结构科学，具有合理的株行距，优越的生长环境；②实施集约经营，即管护精细、便于采摘；③经济效益高，选用优良品种，果实质量优越、产量高。在生产实践中，这3方面缺一不可。基于这些指标，树莓种植园应该抓好园址和品种选择等关键问题。首先，园址应建在便于管理、采摘、运输的地段，土壤以通气性好、结构疏松的黄土砂质土壤为宜，沼泽土、面沙土、黏土、酸性土壤不应选作种植园。其次，所选品种要具有果大、丰产、抗逆性强、果肉厚、矮化等特点，并尽可能考虑不同果实成熟期品种的搭配以延长采收期。

根据当地的自然、交通条件和市场需求，选择适应性的品种种植，提高经济效益。西北地区光照充足，雨量适中，昼夜温差大，糖分累积效应好，很适合小浆果的生长。树莓冷冻保鲜要求高，树莓产业能否可持续发展，不仅取决于农民的种植积极性和种植规模，更取决于当地是否具备与种植规模相适应的树莓加工企业，可提供长期、稳定的收购、加工、销售的保障。吸引食品加工巨头介入是树莓产业开发的重要途径。在大宗水果相对过剩、小浆果相对稀缺、仍有大发展空间的条件下，以树莓为核心的小浆果产业可以改善环境、促进农民增收致富、增加农产品出口创汇，应在优势区重点扶持和推广。

4. 榆林发展树莓的现实意义

一是榆林是树莓的适宜引种栽培区。根据中国林科院国家"948"项目树莓课题组的研究和划分，榆林是树莓特别是红树莓的适宜引种栽培区。二是榆林的气候特点最适宜小浆果类果树糖分的累积。榆林地区属暖温带和温带半干旱大陆性季风气候，太阳辐射由南向北增大，属全省最高地区。各月最大气温与最小气温极差在30℃以上，暖温带的气候、较大的日照时数和差别明显的高温与低温，都有利于小浆果糖分的积累。三是榆林生态环境的好转有利于发展树莓产业。新中国成立以来，榆林人民几十年坚持不懈地"南治土、北治沙"，将数百年来被破坏的地表植被面积提高了20多倍，2019年5月23日，陕西省气象局对毛乌素沙漠南缘长城沿线风沙区生态功能的监测显示，该区域植被覆盖度达38.03%。榆林率先实现了荒漠化逆转，飞播治沙被公认为具有国际水平，治沙成果名扬天下，现全市造林保存面积达143.8万公顷，林草覆盖率达到33%，860万亩流沙被全部固定，陕西绿色版图向北推进了 400 千米。随着退耕还林（还草）工程、封山禁牧、天然林保护工程、"三北"防护林四期重点工程、"三个百树""三年植绿"大行动、林业建设五年大提升等林业重点工程的建设，绿化的面积在扩大，绿化的质量在提高。环境的好转和一系列林业重点工程的实施，为树莓等浆果类树种提供了较为适宜的生长条件。四是发展树莓产业，是农村脱贫致富和乡村振兴的需要。据调查，种植红树莓当年挂果，第 2~3 年进入盛果期，时间短，见效快，单位面积产量一般为 850~1200 千克 /667米^2。据有关资料，2016 年宁夏出口俄罗斯的树莓速冻果价格为16.6 元 / 千克，按每亩（667 平方米）产 1000 千克计，亩产值为8000~16000 元，亩采摘、种植、管理等成本约为 3000~4000 元，亩收益最低 5000 元左右。经济效益相当可观，小浆果大产业，是农民脱贫致富的最佳树种选择。五是在榆林大地树莓有广阔的发展空间。随着榆林高速公路、高铁、航空等交通枢纽的建成，榆林距离大城市的时间和空间越来越近。树莓可在夏季做鲜果盒、冬季做成冻果盒运到周边大城市进行销售。另外由于树莓花艳果美、种植简单，产果早，产量稳定，见效快，病虫害少，耐旱耐瘠，抗寒性强，在平地、庭院、丘陵山地、荒坡荒沟均可种植，还可打造休闲观光采摘旅游业。六是发展浆果类是应对气候变化的需要。近几年北方春季气温变化明显，白日艳阳天晚上风雪夜，严重"倒春寒"来袭对春季开花的植物特别是蔷薇科的桃、李、杏、苹果、梨等都有较大的影响。"倒春寒"来袭的时间也是越来越迟，2017 年是 4 月 20~21 日，2018 年是 4 月 5~7 日，2019 年是 4 月 10~13 日，5 月 12 日又杀了个"回马枪"，北方大部分地区气温降至 0℃，甚至出现了"倒夏寒"，挂果的杏出现了落果现象，早栽的薄膜蔬菜都低下了头。而树莓开花夏果型的一般在 5 月中旬以后，秋果型的在 6 月底 7 月初，正好能躲过这种极端气温天气的侵扰。

第三章 树莓的生物、生态学特性

一、树莓的形态特征及其生长发育特性

1. 根

树莓的根系为多年生，由茎的基部所抽生的不定根构成，无主根。根的一般功能是支持、固着、吸收、合成、贮藏与输导。树莓的根除具备上述功能外同时又是主要的无性繁殖器官，在根系的任何部位都可以产生不定芽，不定芽的芽轴伸长露出地面形成初生茎幼苗，称为根蘖枝。这种不定芽多数于初秋大量形成，第 2 年春季萌发伸出地面。

树莓的根系分布较浅，多交织成网状，一般主要分布在 10~50 厘米的土层内。在土壤层 0~25 厘米的剖面层上约占根总量的 70%；在 25 厘米以下的土壤层中只占根总量的 20%。不定根从灌丛基部中心向旁伸展的最大密度为 50 厘米半径范围内，50 厘米以外根系逐渐稀少。根系的水平生长幅度因品种和土壤质地的不同而有所变化。一般在贫瘠的砂壤土的根系水平分布范围较大，最远能伸展 2~3 米，而在黏土中水平分布范围较小。

树莓根系的年生长表现出一定的周期性，一年中有 2 次生长高峰。第一次是从 4 月上中旬至 5 月上中旬，随着土壤温度回升，根系生长达到高峰期，大量发出新根，白色吸收根占总根量的 80%以上。此后至 9 月中旬，初生茎旺盛生长及开花结果消耗大量的营养物质，加之土壤温度升高，新生根的木栓化进程加剧，根系处于缓慢生长期或近乎停止生长。9 月下旬至埋土防寒前，大部分果实已成熟，茎的生长减缓，树体营养从叶和茎部向根系回流，并且随着土壤温度的下降，根系进入第二次旺盛生长期，在植株基部的周围浅土层 50 厘米范围内，布满了白色的幼嫩根系，此时根系同化作用较强，正是树莓土壤施肥的良好时期。树莓根系生长的周期性特点，为培育管理和苗木繁殖提供了可靠依据。

2. 茎

茎和成熟枝的颜色一般为灰褐色或紫褐色，新梢多为绿色。茎、分枝和叶柄被皮刺或无刺，皮刺密生或疏生，一般密生的刺较细而柔软，疏生的刺较粗壮、坚硬，刺端锐尖。

树莓茎分为地上茎与地下茎两部分。地下茎，即根状茎，是由历年基生枝的地下部构成的，是一种多年生枝。地上部分的茎有初生茎和花茎之分，由主芽和浅层根系的根芽萌发产生。初生茎就是第 1 年生出的茎，新的初生茎来自越冬后的茎地面以下的主芽。初生茎生长到第 2 年才开花结果，这种生长到第 2 年的茎称之为花茎或者称结果茎。

通常依树莓的结果习性分为两种类型，即夏果型品种和秋果型品种。夏果型树莓的茎可生长 2 年，在第 1 年生长季为初生茎，通常是营养生长。越冬休眠后到第 2 年，初生茎变为结果母枝，抽出结果枝开花结果，结果母枝在结果后枯死。秋果型树莓的初生茎当年形成花茎并于夏末秋初开花结果，结果后老茎不枯死。越冬后，第 2 年春季在茎的中下部腋芽萌发抽生结果枝再次结果。因此，又称秋果型为连续结果型树莓或双季莓。老茎第 2 年结果后自然衰老枯死。

3. 叶

树莓为落叶性植物，叶片一般扁平，互生，单数羽状或三出羽状复叶，小叶一般 3~5 枚。叶柄和叶脉上有钩状皮刺、针刺、刺毛或无，各品种间叶色、叶形均有差异。叶片寿命长短随品种类型而不同。夏果型树莓初生茎年生长周期中叶片寿命呈现节奏性的变化，茎下部的叶片生长 50~60 天即衰老枯黄；中上部叶片在正常生长的情况下寿命长达 150~180 天；结果枝上的叶片随果实成熟即衰老枯萎，一般在 40~50 天。秋果型叶片的寿命较长，果实成熟采收后，叶片仍具活力，起着以叶养根的作用。树莓一般落叶不集中，从 10 月下旬至翌年 1~2 月结束，冬季较暖年份落叶不完全。

4. 花和花序

树莓为两性花，花萼 5 枚，萼片基部连接，花瓣 5 片，与萼片互生成辐射状，花瓣先端钝圆或微尖，白色或浅紫红色。花瓣的色泽和形状因品种类型而有差别，红树莓类的花瓣多为白色。众多离生单雌蕊形成雌蕊群着生在凸起的花托上，周围围绕着许多雄蕊。花托的形状随品种类型而不同，红树莓类的花托为圆锥形或半圆球形，果实成熟后花托与果实脱离，花托留在花柄上逐渐枯萎并随花柄一起脱落。树莓可自花授粉，也可异花授粉。

树莓的花序是有限聚伞花序，形状为圆锥形，故称为圆锥花序。圆锥花序的基部通常具 2~3 个较长的侧轴，每轴着生 5~10 朵花，向上侧轴逐渐缩短，只在侧轴的顶部着生 1 朵花。一个花序的花朵数品种间有差异。树莓的花一般在展叶后开放，单朵花期短，由花萼开裂到花瓣脱落一般仅 10~24 小时。一个花序的花期长短主要取决于花序的花朵数，一般 5~10 天或更长些，一个结果枝的花期一般为 7~20 天。

树莓单株花序数及其着生的位置也因品种而不同。夏果型红树莓和黑树莓的花序由结果枝叶腋内的花芽发育而成，每个叶腋着生 1 个花序。秋果型红树莓的花序，由初生茎叶腋内的花芽发育而成。正常生长情况下，当初生茎生长到 35~45 个节时，茎上部的叶腋内形成 1~3 个花芽，当年秋季花芽萌发形成花序开花结果。

5. 果

树莓为聚合果，每个果实由 70~120 个成熟的小核果聚合在花托上组成，小核果排列紧密，互相紧贴形成一个完整的果实。由于聚合小核果多汁，在果树分类学上称为浆果。聚合果的形状、大小和颜色因品种而异。果实有圆球形、扁圆形、圆锥形或椭圆形等。果实小的约 1.5 克，大的可达 6~8 克。树莓果实的生长期长短因品种而异，一般为 20~30 天。果实成熟时，果实与花托分离，中心产生一个空洞，像帽子一样。成熟时的果实有红、黄、紫、黑等颜色。果实柔软多汁，芳香宜人，味酸甜，营养丰富。

二、树莓对生态环境条件的要求

果树与生态环境是一个互为因果、协调发展的统一体。首先，环境决定果树生长发育，影响果树产量和品质，果树生产就是为果树生长发育创造最理想的环境条件。其次，果树本身是构成环境、改善环境的重要因素，它能有效保持水土、调节微域气候、改善生态环境及人居环境。因此，环境协调是在果树生长发育规律的基础上，为各类果树选择最佳环境，通过生产技术使其适应环境，并最大限度地改善环境。

果树的生态环境条件是指果树生存地点周围空间一切因素的总和。它包括气候条件、土壤条件、地形条件、生物条件等。其中，温度、光照、水分、土壤、空气等是直接生态因子；风、坡度、坡向、海拔高度等则是间接生态因子。

影响树莓生长和结果有很多环境因素，包括光照、温度、日照长度、土壤湿度和风等。但哪一个因素起了决定性作用，却难以区分。因为各种因素的相互作用以及植物本身在某一时期的特殊生理条件，对环境的要求不同。例如，幼嫩多汁的初生茎在春天暴露，可能枯萎。同样，一年生茎已经经过一个较长的寒冷期，不会受到影响。如果加上其他不利因素，如潮湿土壤、缺肥、虫害等，一年生茎会易于受低温影响。

1. 温度

温度是影响树莓生命活动的必要因素之一。它制约着树莓的生长发育速度及内在的一切生理、生化活动和变化，都必须在一定的温度条件下进行，它对生长和结果起决定性影响。温度是影响树莓萌发、生长、开花结果以及安全度过休眠期的一个重要因子。树莓分布于年均气温 13~15℃的地区，红树莓最佳气候条件是夏季较凉爽湿润，收获季节性少雨，冬季无严寒。树莓生长期有效积温 2600~3500℃。据北京的栽植试验观察，夏果型树莓，日平均气温达到 7℃时，新梢出土，果芽萌发。日平均气温 19℃时现蕾。花期日平均气温为 20~24℃。果实成熟和采收期气温为 22~27℃。秋季日均气温 16℃左右时茎的生长停止。生长期 190~200 天。树莓生长期各品种差异很大，有的 100 天无霜期就可以成熟，有的要 140 天。树莓生长期遇到晴天无云，空气干燥，日均气温超过 28℃时，花、果和新梢的叶片会受日灼伤害。

引入榆林的红树莓在 4 月中上旬开始芽萌动，并快速进入萌芽期；4 月下旬开始展叶，5 月初进入展叶盛期。

秋果型红树莓 7 月下旬至 8 月中上旬现蕾并相继开花，8 月中旬至 9 月底相继成熟，果实生长期约 45 天；在不遭受早霜或寒潮的袭击时，果实的成熟采收期可延续至 10 月中旬，10 月下旬叶开始变黄，11 月底或 12 月初大部分落叶。总体上引入榆林的相关品种其物候期比北京和沈阳的要晚 1 周左右，与宁夏银川市的物候期基本持平。

树莓生长发育的适宜温度范围在 10~25℃，温度高到 30℃时，植株生长受到抑制。树莓按其野生的分布而言是耐寒植物，但是大多数栽培品种的树莓是在较温暖的地区形成的，所以北方雪少而严寒的地区通常要埋土防寒。冬季最低气温低于 17℃时埋土防寒。树莓埋土防寒后能忍耐 –30℃以下的低温。

温度对树莓有多种影响，春季和初夏低温霜害可以造成丰果型树莓花或新梢受害；秋季过早出现霜害或冻害，致使秋果型树莓果实停止发育，初生茎停止发育及焦梢；冬季温度波动则可造成寒害。

树莓在秋季新梢停止生长之后，在 6.6℃温度下 2 周即迅速受到抗寒锻炼，不久进入休眠期。大部分树莓的休眠期需要 700~800 小时，因此，在冬季应将温度控制在 2~3℃，以便完成休眠期。品种的差异，生长期不同，需要的积温也不同。不经过低温处理的芽可长期处于休眠状态而不萌发，最长可达 1 年之久。通常在通过休眠期之后，芽在 7.2℃时就开始萌发。但是树莓的深休眠期在正常情况下是很短的，一般在 12 月初已结束深休眠期而进入被迫休眠期，所以在冬季变温剧烈的地区，常常容易受冻害。

温度对树莓的花芽分化影响极大，只有达到一定的温度，才能促成花芽分化。一般情况下，红树莓大概在 5 月初完成花芽分化。花芽分化需要较冷凉的气温，通常在 15.5℃条件下，无论是 9 小时的短日照或 16 小时的长日照，新梢上均不形成花芽。如果温度降到 10℃，则无论是 9 小时的短日照还是 16 小时的长日照条件下新梢均能形成花芽。温度对果实品质和产量的影响很大。果实成熟期需有足够的温度，以利浆果膨大、着色，提高含糖量。温度过高，则使果形变小，果实成熟期不一致，香味减少，着色不鲜艳，维生素 C 含量降低，品质下降。温度不足，则含糖量降低，酸度增加，香味减少，品质下降。因此，在果实膨大期，温度应控制在一定的范围内，且有合适的温差。

温度也影响了植株的根系生长。在地温达 5℃时开始萌动，

9~10℃是萌芽适宜温度。温度过低，根系生长缓慢，生长量少，根粗大而分枝少；刚萌发的芽能忍受 –2~5℃的低温，但展叶后出现低温会造成大量的叶片受冻，因此解除防寒时间应在 4 月下旬为宜。温度过高，根小而分枝多，木栓化程度大，具有功能的根减少。一般情况下，根系生长的适宜温度在 20℃以下。除了影响根系生长外，对水分吸收也有较大影响。早春土壤水分冻结或地温过低，使垂直分布较浅的树莓根系不能或极少吸收水分，而此时正值天气干旱多风，枝条水分蒸腾强烈，造成根系吸水与枝条失水平衡关系的严重失调。

树莓对高温的忍耐力较弱，天气炎热的地方，植株生长矮小，果实个小，成熟期不一致，产量低，香味减少，维生素 C 含量低，品质差。阳光直接照射的果实易遭日灼，成熟果实汁少，果面乳白色并呈水浸状。气温过高，当通过叶面散发的水分过多，超过根部对水分的吸收量时，会发生叶片萎蔫，植株关闭气孔，停止生理活动，造成生长迟缓，植株整个活力降低。总之，温度是树莓种植的最大限制性生态因子。

2. 水分和湿度

（1）水分

树莓根系分布浅，抗旱力弱，对水分要求较敏感，不耐涝。栽培树莓要取得高产量、高质量，则要求土壤适当保持湿润，但一定不能积水。树莓不同的生长期需水量也不同，春季解除防寒后，需充足的水分，以促进枝叶、花序生长。要求土壤最大含水量70%以上为宜；花期水分过多会降低地温，影响正常授粉；果实膨大至成熟采收是树莓需水量最多的时期，要求土壤含水量 80% 以上；果实采收后是基生枝旺盛生长期，要求土壤含水量 60% 以上，以促进枝条成熟和花芽分化；水分过多或持续时间过长会造成土壤板结，通气差，根系腐烂，整株死亡。

在土壤水分和空气温度低的情况下，浆果发育小，产量低，基生枝和根蘖枝生长弱。在有土壤积水的地块生长不良，土壤含水量应为田间持水量的 60%~80% 为宜。树莓根系需氧性高不耐涝，在透气性低的土壤上生长不良，因此要避开土壤排水不良的立地条件。秋季过湿的土壤，可使植株冬季更易遭受冻害。土壤水分不足对树莓茎生长也可起相反的作用。在树莓栽培区，适宜的年降水量为 500~1000 毫米，且分布均匀。在年降水量低于 500 毫米的地区，干旱季节必须灌溉。在年降水量超过 1000 毫米的地区，必须有排水措施，并适当稀植，以使植株生长良好，特别是在果实成熟期，降水量过大，不能及时采收，易造成落果、霉烂，直接影响当年产量。

（2）湿度

树莓对空气湿度也比较敏感，适宜湿度在 50%~60% 之间，湿度较小，植株易出现萎蔫，果实外观不美；湿度过大，果实易产生病害。结果期的空气相对湿度应保持在 70%~80%，以免果实遭受灼伤。我国北方冬季低温、空气干燥是树莓遭受伤害的主要原因。

3. 光照

光是植物的能源，与茎的生长、产量、果的质量有关。树莓是既耐阴又喜光的植物，对光的强度适应范围较广，每日至少 6~9 小时的日照即可满足需求。光照充足，树莓生长旺盛，叶片厚，色深，花芽发育好，果实含糖量高，果质优良。反之会造成开花晚，果实小，品质下降，枝条木质化差。

在栽培树莓时，要选择能受到保护但又不被遮阴的地方。一般来说，暴露在阳光下的茎结果更多，当增加光照时，每一株的产量明显增加。可用修剪和搭架来调节光照。由树莓冠带取光量仅是控制植物发育的一个因素，另一个因素是日照长度，人们改变不了田间日照长度，但知道光对树莓的作用，可以采取农业技术措施，延长光照时数，提高光合强度。秋果型树莓的花芽分化需要 6~9 小时日照才能满足树莓对光照的需求。树莓在果实膨大至成熟期，光照不宜太强。尤其是 7 月果实成熟时，高温强光对树莓生长有抑制作用，通风、散光是树莓适宜的环境条件。太阳总辐射大于 900 个辐射单位的地区，果实易遭日灼危害。因此要合理地确定栽培方法和架式，选择通风透光条件好的地块栽培，以满足植株正常生长发育。

4. 土壤

树莓要求土层深厚，质地疏松，中性，富含有机质的土壤。树莓约有 90% 的根系分布在土壤上层 10~50 厘米处，也就是集中在这个不大的土壤空间内吸收水分和营养。在保水保肥，并具有丰富的有机质，pH 值 6.5~7.0 的土壤条件下，有利于根系更好地吸收矿物营养元素。pH 值超过 7.5 的土壤，植物体可能发生缺铁性退绿病。树莓在土壤黏粒（颗粒直径＜ 0.002 毫米）大于 30%的土壤上生长很困难，因为黏土耕作层底部或栽植坑壁及坑底土层坚硬，渗透性小，甚至是临时性的土壤水分饱和状态也能对根系造成严重的伤害，如果在生长期被水渍十几个小时，树莓的根系即开始窒息而腐烂，重者致使植株整株死亡。树莓不能忍耐高钙或高盐分土壤。

如果灌溉条件好，并能够覆盖保护土壤湿度，砂土也能够适宜种植树莓。某些轻黏土壤，通过适当的改良，安装排灌系统也能改造成适宜种植树莓的土壤。

5. 地形与风

（1）地形

地形对树莓的影响是通过海拔高度、坡度、坡向等，影响光、温、水、热在地面上的分布。在山地种植树莓，除适宜的土壤条件之外，种植地的海拔高度与其引起的气候因素垂直变化相适应。在气候较寒冷的地区，树莓种植在一昼夜温差小一些的北坡或东北坡间较适宜。一般应选择坡度低于 20° 的直形、阶形或宽顶凸形坡地种植树莓。

（2）风

风大断茎是对树莓最明显的伤害。解决风害的最根本的办法是搭架。棚架的作用是增加单位面积内植物的覆盖面和提高光合面积，同时支撑了茎，减少了风折灾害。风可使单株的基部折断或当它们相互之间摩擦时，对茎造成伤害，如果茎从基部折断枯萎，此"症状"可能会与根部的根腐病害症状相混淆，所以对根系和茎基部必须密切注意检查以究其原因。冬季的风也能够造成花茎失水或干枯。失水的茎对寒冷高度敏感通常会死。

风速通常与土壤湿度相互起作用，高风速可以造成土壤表面更多的水分蒸发。最大的危害是多风、干旱，在早春，遭到霜冻危害的新叶，可能表现正常，而当温度升高时，叶子水分丢失量大，可造成新叶生长受阻，浆果枯萎。炎热、多风，会导致果软，多种子，果会变成白色，叶子会呈烧焦状。

总之，树莓园应有充足的阳光、适宜的温度、流通的空气、充足的水分、合理的防风及防霜害设施等。

第四章 引入榆林的红树莓品种及生理表现

一、树莓主要种类

树莓（*Rubus corchorifolius* Linn. f.）属于蔷薇科（Rosaceae）悬钩子属（*Rubus* L.）落叶多年生灌木型浆果果树。全世界大约有树莓 750 多个种，广泛分布于北半球的温带至寒带地区，热带的山区和南半球也有少量的分布。我国有树莓 190 多种，产于南北各地。栽培上主要是空心莓亚属（*subgenes Ideobatus*）和实心莓亚属（*subgenes Eubatus*），空心莓亚属根据成熟时果实的颜色，可分为红树莓、黄树莓、黑树莓和紫树莓 4 个类型。

红树莓类型：红树莓原产于欧洲，我国产于辽宁、吉林、陕西、甘肃、新疆、山西、河北、河南、山东。生于山坡、空旷地、灌草丛中。落叶灌木，2 年生，高可达 2 米，疏生皮刺，幼枝被细绒毛。叶常三出或五出，掌状或羽状复叶。花序为有限花序于总状或圆锥状花序顶生，单花或总状花序腋生。花瓣白色，花期 5~7 月，果期 7~9 月。聚合果近球形，果横径最宽处 1.0~1.2 厘米，浆果较大，红色、紫红色和黄色，品质较好。果酸甜可食，制糖或酿酒，种子含油率 10%~20%，可提取香精，全株可药用，中药称"覆盆子"，具明目、补肾等疗效。许多栽培种来源于本种。

依其结果特性又可分为夏果型红树莓和秋果型红树莓。夏果型树莓当年生枝只进行营养生长，越冬后第 2 年夏初结果。秋果型树莓又称连续结果型，俗称双季莓，当年生枝在初秋结果，第 2 年初夏在老枝茎下部结第 2 次果。

黄树莓类型：果金黄色或琥珀色，来源于红树莓的变异类型。黄树莓较甜，聚合果很软，小核果易分离，货架期短。黄树莓也分为夏果型和双节结果型。

黑树莓类型：黑树莓又叫黑马林，由野生种黑树莓培育而成，主要分布于北美洲的东部。茎呈紫红色，有白蜡质，茎上有刺。羽状复叶，小叶 3~5 枚，叶缘有重锯齿。浆果圆头形，黑红色或紫红色，酸甜。本种有栽培品种。果实黑红色或紫黑色，聚合果较小，产量低，但由于其独特的色香口味，颇受市场欢迎，经济价值较高。

紫树莓类型：现代栽培种紫树莓是黑树莓和红树莓的杂交种，通常有半直立强壮的拱形茎和侧枝。果实大，果酸而味道浓，是制果酱的佳品。最新的紫树莓品种是紫红莓和红树莓的杂交种。

二、引入榆林的主要栽培品种

目前红树莓种植品种有 2 类：一是夏果型，一是秋果型。进而生产方式也分为 2 种：一是采用夏果型红树莓品种进行夏季采果，另一种是采用秋果型红树莓进行秋季采果。我国大部分地区均具备栽植树莓的良好生长的自然环境。

全世界树莓栽培品种多达 200 个以上，有一定规模的栽培品种近 30 个，成为国际市场的商品品种不超过 20 个。

陕西省榆林市从 2016 年开始引进红树莓进行试验栽培，目前品种已有 6 个，经过引种试验适应性较好的品种如下。

1. 托拉蜜（Tulameen）

夏果型优良红树莓新品种，加拿大培育，大果、优质、高产，果实呈长圆锥形，果与花托易分离。在榆林最大单果重 6 克，平均单果重 5.6 克。果硬，亮红色，香味适宜，采果期可达 40 天，是鲜食佳品。货架期长，在 4℃条件下可维持其良好外貌达 8 天之久，适宜速冻。由于其夏天成熟，口味诱人，有"夏蜜"之美誉。该品种分蘖很少，耐寒力较差，在我国河北、河南、山东、陕西等地的大城市周边地区砂壤土上试种表现良好，也是设施栽培的首选品种。2018 年 4 月从沈阳农业大学引至榆林试验栽培。

2. 波尔卡（Porlka）

波兰培育的双季红树莓品种。抗病、丰产、枝条直立，可以不设架，适于机械采摘。风味佳，有显著的香味，在榆林最大单果重 5.91 克，平均单果重 5.3 克。果实卵形，浆果冷冻后口感甜度大，果实硬度大，可溶性固形物可达 11.7%，浆果采收货架期长，适合鲜食、冷冻，是做果汁、果酒、果酱的上等原料首选。2018 年 4 月从中国林科院林研所引至榆林试验栽培。

3. 伊瑞卡（Erika）

来自意大利，双季莓，果实橘红色，阔卵形，果实大。在榆林最大单果重 5.61 克，平均单果重 5.4 克。果实硬度好，采果后颜色不变暗，味佳，货架期长，丰产。2018 年 4 月从中国林科院林研所引至榆林试验栽培。

4. 海尔特兹（Heritage）

由美国纽约州农业试验站选育而成，栽培面积极广，是国际市场最畅销的品种之一。果实品质优良，果硬，色香味俱佳，果实圆球形。在榆林最大单果重 2.94 克，平均单果重 2.62 克。果实小是该品种的缺点。该品种占智利树莓栽培面积的 80%。适应性强，枝条直立向上，通常不需要很多支架，适合我国种植，河南黄河沿岸地区采果期可到 11 月底，根蘖繁殖力强，是商业化栽培的优良品种，也是出口加工、大规模种植的主要品种。

2016 年 3 月从宁夏引进，安全越冬已两季，4 月初萌芽，倒春寒影响小，示范园亩产达 750 千克，现已推广至米脂、佳县、子洲进行标准化丰产栽培。

5. 秋英（Autumn Britten）

来自英国，秋果型红树莓，中产。在榆林最大单果重 3.34 克，平均单果重 2.95 克。耐寒，果形整齐，味佳，果较甜，茎稀疏，需密植，成熟比海尔特兹早 10 天，2017 年春从宁夏引进。

6. 费尔杜德（Fertodi）

在辽宁、黑龙江部分地区种植较多，2017 年春从宁夏引进，只长茎，不开花，不结果。

三、形态特征表现

1. 营养生长

正常的营养生长是衡量引进成功与否的首要标准，为此对生长性状，诸如树高、地径、冠幅、果实特性进行了测定。调查采用随机抽样法，调查对象包括所引进的 6 个品种，每个品种随机抽样本 20 株。结果表明（表 2），红树莓引种到榆林地区后成活率较高，生长良好，植株高度 110~150 厘米，2 年生地径达 0.8~1.6 厘米，冠幅乘积 0.02~0.64 平方米，没有发现生长不正常或早衰现象。并且发现了一株无皮刺植株。

表 2　红树莓形态特征比较表

品种	定植时间	平均株高（厘米）	平均地径（厘米）	冠幅东西×南北（厘米）	冠幅乘积（米^2）	子株数量	丛内株数	有无皮刺	枝条直立性
海尔特兹	2016 年	130.34	1.6	50×58	0.29	15	5~15	有皮刺	较强
秋英	2017 年	95.25	1.5	82×78	0.64	12	5~12	有皮刺	较强
菲尔杜德	2017 年	250.62	1.0	10×15	0.02	3	2~5	有皮刺	匍匐
伊瑞卡	2018 年	155.45	1.0	25×34	0.09	25	5~15	有皮刺	较强
波尔卡	2018 年	152.35	1.2	55×68	0.37	23	5~17	1 株无皮刺	较强
托拉蜜	2018 年	151.42	0.8	40×48	0.19	16	5~16	有皮刺	较强

注：调查地点：榆林引种试验基地；调查人：王建新 李焕蓉；调查时间：2018 年 8 月 20 日。

2. 繁殖情况

在自然状态下，引入的品种以根蘖繁殖实施种群扩散，根蘖繁殖能力是评价红树莓种群繁衍的一个主要指标。调查结果表明，所有引进品种都保持着比较旺盛的根蘖繁殖能力，不同品种平均每个母株有子株 10~40 株，丛内 50 厘米以上株数为 5~15 株，各品种之间差别不大。

3. 抗逆性

不同品种处于相同环境条件，或同一品种在不同的生长发育时期，对不良环境条件的敏感性并不相同。当某一环境因子过剩或不足时，即在受抑区和不能耐受区的生存能力，称为对该环境条件的抗逆性。为此，在红树莓引进后及时观测了其对旱、寒、风及病虫等危害的抗性。其中，抗旱性观测是在干旱季节之前选定样方，干旱季节过后逐株观察登记旱害等级及不同等级的株数和百分率；抗寒性观察是在夏天或初秋选定样方，等春季气温回升线趋于稳定时，逐株观测寒害等级；风害是事先选定样方，做好标记，在强风过后观察风害等级，登记不同等级的株数和百分率，以此来测定抗风性。

至 2019 年，2016 年栽植大田后 4 年生以上的树莓，对大风、干旱、暴雨、风雪、低温等极端气候的适应性和抗性都较强，而且病虫害较少。结果表明，引入的红树莓品种都表现出较好的抗逆性，可以适应当地的气候条件。

4. 造林成活率和保存率

造林成活率和保存率是引种的重要指标之一，各参试品种定植时间略有差别，但2018年引进的种也经过了2个生长季节。造林成活率和保存率见表3。从表3中可以看出5个品种的造林成活率和保存率都很高，均值分别为93%和90%。这表明，所引进的红树莓系列品种能很好地适应榆林的气候环境。

表3 造林成活率与保存率调查表

观测项目 \ 品种	海尔特兹	秋英	托拉蜜	波尔卡	伊瑞卡
造林日期	2016.8	2017.8	2018.8	2018.8	2018.8
成活率（%）	91	86	95	96	97
调查日期	2019.8	2019.8	2019.8	2019.8	2019.8
保存率（%）	87	85	91	92	93
备注	4年林	3年林	2年林	2年林	2年林

5. 产量

经测定，不同品种产量不一，2年生单株产量在410~518克之间；每667平方米示范园结果株数1300~1600株（人工修剪后）；产量最低达到412千克，最高达614千克，平均513千克；每公顷产量6180~9211千克；坐果率92.4%，果熟率95.2%，商品果率80%~85%。经查相关资料，引入的品种在外观和质量上与产地北京、沈阳、银川的基本一致，当然果实的生态特性也受土壤肥力等诸多因素的限制，由此可见，红树莓引入榆林之后，保持了果实大和产量高的优良特性（见表 4）。

表 4　引入的不同树莓品种果实结实及产量表现

品种名称	坐果率（%）	果熟率（%）	单株平均产量（克）	平均株数（株 /667 米²）	平均产量（千克 /667 米²）
海尔特兹	92%	0.96	460	1200	552.00
秋英	89%	0.93	410	1200	492.00
伊瑞卡	96%	0.95	518	1300	673.40
波尔卡	92%	0.94	480	1280	614.40
托拉蜜	93%	0.98	468	1240	580.32
菲尔杜德	不坐果	—	—	分株少	—

6. 果实营养成分

经北京林业大学检测，结果表明：引入榆林的树莓果实营养成分丰富，富含多种人体所需要的微量元素、维生素和膳食纤维，对比张清华等（2014）的著述和其他参考资料所述，果实在总糖量、总酸量方面虽然有所下降，但还在合理的营养区间（可能与供测品种有关）。同时发现引入品种中所含的矿物质钙、镁、钾、磷含量明显增加。矿物质是构成人体组织的重要物质，如钙、镁、磷是构成骨骼和牙齿的主要物质。矿物质也是维持机体酸碱平衡和正常渗透压的必要条件（比对分析见表 5）。

表 5　树莓营养成分检测后比对分析表

检测项目	《树莓栽培实用技术》(张清华等，2014) 检测样品：未知	北林大检测（2019 年）检测样品：海尔特兹	结果比对
蛋白质（克 /100 克）	0.7~1.5	0.88	正常
脂肪（克 /100 克）	0.5~0.8	0.6	正常
总糖（克 /100 克）	5.6~13.6	5.8	正常
有机酸（克 /100 克）	0.85~2.6	1.557	正常
纤维素（克 /100 克）	3	5.13	增加
16 种氨基酸（克 /100 克）	1.095~1.103	0.759	略减
钙（毫克 /100 千克）	22	219	增加
铁（毫克 /100 千克）	—	10.8	—
钾（毫克 /100 千克）	168	1090	增加
镁（毫克 /100 千克）	20	183	增加
锌（毫克 /100 千克）	—	1.7	—
磷（毫克 /100 千克）	22	170	增加
维生素 C（毫克 / 千克）	5.5~24.3	9.64	正常
维生素 E（毫克 / 千克）	0.11~0.19	1.87	增加

四、试验结果

①本试验对引进的 6 个红树莓优良品种经过 2~4 年的试验观测，结果显示，各品种成活率、初生长等均表现良好。

②各品种间树高、地径、冠幅生长量有差异，有 1 个品种（菲尔杜德）只进行高生长，不开花结实，是拟首选淘汰品种。

③在常规造林栽培技术条件下，引入的红树莓良种能适应榆林的环境条件，无须特殊保护措施也能正常生长发育；定植的示范林中病虫害较少；应用根蘖技术和组织培养技术繁殖的苗木，栽植后能够保持原有品种的优良性状，试验林初果期产量也较高。

④综合分析得出：海尔特兹、秋英、伊瑞卡、波尔卡和托拉蜜 5 个优良红树莓品种能适应当地极端天气气候，抗性强、抗病虫、生长发育良好、开花结果正常，果实在色泽、品质等方面基本保持了引种地原品种的优良特性，适宜在榆林地区引种栽培，可作为今后在榆林地区的主推品种。

第五章 树莓设施的结构类型与建造

　　树莓设施栽培是指在外界环境条件不适宜树莓生长的区域或季节，创造适宜树莓生长发育的环境条件来进行生产的一种栽培方式。

　　利用设施栽培技术进行树莓生产，通过人工创造果树所需的优良环境条件，最大限度地满足根系对水、肥、气、温等诸多因素的要求。克服了北方露地栽培受气候条件限制等不利因素的影响，可以使树莓的一些优良品种在北方也能大量生产。

　　运用设施栽培技术，可使作物提前萌芽，延长生育期，获得充分成熟的果品。而且设施栽培还可克服恶劣的自然环境，使作物产量高、品质好，从而获得较高的收益。运用设施栽培技术，提高了对栽培环境的控制能力，人工为作物创造了良好的根系营养与环境，与露地栽培相比，采收期能大幅度地提前。配合不同的栽培方式，可极大地补充水果淡季的市场需求。

　　在我国，已经有数十种果树开展了保护地栽培，大大改善了市场供应，尤其是葡萄、大樱桃、草莓等都获得了巨大的成功。

　　露地树莓的主要成熟期集中在 6~10 月，运用设施栽培技术种植树莓，不仅可解决市场的周年供应，在水果淡季提供色、香、味皆佳的树莓果品，而且还具有很多优势：冬季温室里的冷凉温度正好满足树莓的生长；冬季还可利用农民的闲余时间解决温室的采摘用工难题；设施栽培相对来说病虫害少，产量较高，品质极好。

设施栽培属于高投入、高产出，资金、技术、劳动力密集产业，通过人工创造的环境来适应和满足树莓生长发育所需要的条件，克服了传统栽培靠天吃饭的弱点。红树莓设施栽培，一是有效控制了成熟期阴雨烂果问题，二是通过促成栽培或延迟栽培，使树莓早熟或晚熟，实现树莓提前或推后上市，达到优质、高效的目的。

依据国外的经验，温室栽培红树莓每个温室面积约 400 平方米可以收获浆果 700 千克，按平均价格 120 元 / 千克计算，每个温室年毛收入 8.2 万元，减去用工、材料、温室折旧等费用 3.5 万元，每年每个温室纯收入可以达到 4.7 万元。近些年都市观光农业迅速兴起，树莓也是适合的新品种。总之，树莓设施栽培是一个可以丰富市场供给，增加城乡就业，提高居民收入的好项目。

根据栽培目的的不同，树莓设施分为避雨栽培、促成栽培和延迟栽培 3 种类型。树莓促成栽培是以提早成熟上市为主要目的的设施栽培，主要包括 2 种类型，即冷棚栽培和温棚栽培。

一、设施冷棚促成栽培

冷棚是指塑料大棚，一般不需要加盖草苫，只有一层塑料薄膜，而且没有后土墙等其他保温措施，设施内升温主要依靠日光照射。

冷棚采用单栋或连栋屋脊式塑料大棚，适于我国北方冬季气温不太低的地区，主要靠日光加温，棚内面积较大，管理较为方便，但由于只用塑料薄膜覆盖，棚内增温和保湿效果比温棚差，一般比露地早成熟 20~30 天。

搭建冷棚所使用的材料可根据当地的经济情况就地取材，棚体不宜太高，若棚体过高，保温效果差，影响升温。通过在榆林树莓示范园的试验，棚顶高 2.3~3.0 米（中间最高处），肩高 1.7~2.0 米（两边最低处），东西宽 8~12 米，南北长 50~100 米为宜。棚内不同部位的温度稍有差异，边缘温度比中部温度稍低、下层温度比棚顶温度稍低（热空气向上运动），因此在建造大棚时，一是要使大棚四周封闭严实；二是棚体不宜太高，若棚高超过 3.2 米，棚内温度不好控制，保温效果差。

1. 钢架结构冷棚

钢架结构冷棚，棚体坚固，造价较高，一般每 667 平方米需 2 万元。棚体顶高 3.0~4.0 米，肩高 1.8~2 米，拱高 1.2~2 米，跨度 8~12 米，长 50~100 米，棚的四周和顶部可以通风，棚内配置滴灌、自动卷膜和自动喷雾设施等。

2. 竹木结构冷棚

竹木结构冷棚和防雨绷结构相似，比防雨棚四周多围一圈保温薄膜，目前东北树莓栽培区多采用这种结构的冷棚。这种冷棚结构简单，造价低（一般每 667 平方米需 8000 元，可使用 3~5 年），效益显著。棚高 2.5 米，肩高 1.7 米，塑料薄膜上、下分别有竹制的压杆、拱杆；跨度 12 米，长 100 米。

3. 连栋冷棚结构

连栋冷棚结构是由 2 个或 2 个以上单体棚连接起来的设施，这种棚结构较复杂、造价高，多采用全钢架结构。每个单体棚顶高 2.5~3.0 米，肩高 1.8~2.0 米，跨度 8~12 米。每个单体棚内栽植 3~5 行树莓，棚顶要留足够大的通风口，一般用自动卷膜机控制通风口的大小，调节通风量。

连栋冷棚的土地利用率高，棚内温度分布比较均匀且变化比较平缓，地温差异不大，棚边低温带所占比例小，使用小型机械化作业方便，便于规模化管理。但是连栋棚有三大弱点：一是棚体过大，棚内空气流通不畅，若棚内湿度过大，病害蔓延快；二是由于棚内立柱比较多，遮阴严重，棚内的光照不如单栋棚；三是连栋棚清除雨雪比较困难，特别是暴风雪和冰冻严重的地方，建造连体棚一定要谨慎。

二、设施温棚促成栽培

温棚，也叫春暖棚，有 2 种类型；一种是塑料棚温室，另一种是玻璃温室和阳光板温室。由于玻璃温室和阳光板温室造价高，生产上应用很少，目前红树莓温棚栽培主要以塑料温棚为主。

塑料温棚是指北、东、西三面围墙，具有单坡面结构，采用透光性能较好的塑料薄膜覆盖，其热量来源主要依靠太阳辐射，并采取棉被或草苫覆盖保温。

塑料温棚以长度 60~80 米，跨度 7.0~10 米为宜，方位面南偏西 20°，多采用半地下结构，栽培行在自然地面以下 0.5~1.0 米。

（1）后墙

以土筑为主，或用砖、石砌筑保温，平均厚度达到当地最大冻土厚度的 2 倍以上，一般不小于 1.0 米。

（2）山墙

以土筑为主，或砖土复合结构，总厚度是当地最大冻土厚度的1.5倍。

（3）后屋面

采用作物秸秆与泥土复合结构，厚度应达到40~60厘米。

（4）前屋面

①骨架　尽量采用截面小、强度大的材料做成拱形骨架，如镀锌管、圆钢等。

②薄膜　塑料膜采用防雾、保温、抗老化、透光率好的覆盖膜。

③遮阳网　采用柔韧性好、遮阳率好的遮阳网。

④草苫　采用每平方米不少于5千克的草苫或毡被进行双层覆盖，草苫在上下都要长出1.0米左右，覆盖到后坡面和温室前地面上，草苫外再覆盖一层塑料棚膜。

（5）缓冲间

在山墙上开门，设缓冲间，内外吊挂门帘，并在门口设30厘米的门槛。

三、温棚栽培的其他装备

温棚栽培的其他装备主要有保温及其机械装备的保温被、卷帘机、卷膜器；土肥水管理装备的微耕机、滴灌或微滴灌装置；防病虫害装备的臭氧病虫害防治、色光双诱电杀虫灯、防虫网、机动和手动施药器具和其他设备如湿帘降温、遮光网、补光灯、电除雾防病装置、二氧化碳气肥机等。

1.温室卷帘机

温室卷帘机根据输出功率的不同，可以分别卷铺保温被、草苫等温室覆盖物，使复杂繁重的体力劳动变得简单轻松，而且将每日 30~40 分钟的人工卷铺时间缩短为 6~9 分钟，使日光温室快速升温，可使温室增加光照时间近 2 小时，在提高作物产量和品质方面收到很好的效益，并且草苫整体卷铺不易被大风吹掀，可延长草苫使用寿命 1~2 年。

2.节水灌溉设备

我国现有温室大棚绝大多数采用传统的沟畦灌，水的利用率只有 40%，且增加了室内的空气湿度，不利于设施生产。设施生产应采用管道输水或膜下灌溉，以降低空气湿度，最好采用滴灌技术。它与传统的漫灌方式相比，主要优点表现在：节约用水 50%以上，减小棚内空气湿度，抑制土壤板结，保持土壤透气性，避免冬季浇水造成的地温下降，杜绝了靠灌溉水传播的病菌。同时可以通过灌溉追肥施药，省工省力。滴灌系统由于安装简单，一次性投入小而被普遍采用。

3.二氧化碳肥系统

光合作用是绿色植物生命活动的基本特征，是栽培作物生长发育的物质能量基础。作物通过根系吸收水分和无机盐类，利用空气中的二氧化碳在日光照射下进行光合作用，生成有机物质。冬季由于温室密闭生产，日出后温室内的二氧化碳含量严重不足，直接影响了作物光合作用的效率，只有通过人为补充二氧化碳气体才可满足作物生长的需求。增施二氧化碳气体的设备用二氧化碳气肥机。

4. 保温覆盖系统

覆盖材料依其功能主要分为采光材料、内覆盖材料和外覆盖材料3大部分。选择标准主要有保温性、采光性、流滴性、使用寿命、强度和低成本等，其中保温性为首要指标。

（1）采光材料

采光材料主要有玻璃、塑料薄膜、EVA树脂（乙烯—醋酸乙烯共聚物）和PV薄膜等。北方设施栽培多选择无滴保温多功能膜，通常厚度在0.08~0.12毫米。

（2）内覆盖材料

主要包括遮阳网和无纺布等。

（3）外覆盖材料

包括草苫、纸被、棉被、保温毯和化纤保温被等。

① 草苫　保温效果可达5~6℃，取材方便，制造简单，成本低廉。

② 棉被　用落花、旧棉絮及包装布缝制而成，特点是质轻、蓄热保温性好，强于草苫和纸被，在高寒地区保温力可达10℃以上，但在冬春季节多雨雪地区不宜大面积应用。

③ 保温毯和化纤保温被　在国外的设施栽培中，为提高冬春季节的保温效果及防寒效果，在小棚上覆盖腈纶棉、尼龙丝等化纤下脚料纺织成的"化纤保温毯"，保温效果好、耐久。我国目前开发的保温被有多种类型，有的是外层用耐寒防水的尼龙布，内层是阻隔红外线的保温材料，中间夹置腈纶棉等化纤保温材料，经缝制而成。有的类型则用PE膜作防水保护层，外加网状拉力层增加拉

力，然后通过热复合挤压成型将保温被连为整体。这类保温材料具有质轻、保温、耐寒、防雨、使用方便等特点，可使用6~7年，是用于温室、节能型日光温室，代替草苫的新型防寒保温材料，但一次性投入相对较大。

四、设施环境调控技术

1. 光照

光照是日光温室热量的主要来源，也是果树光合作用、生产有机物质的能量来源。在一定范围内，透入棚内的光照越多，温度越高，果树光合作用越旺盛。绿色植物只有在阳光的照射下，才能进行光合作用。要维持较高的光合效能，其光照强度应达到30000~60000lx。在冬季，太阳的辐射能量不论是总辐射量，还是作物光合作用时能吸收的生理辐射量，都仅有夏季辐射量的70%左右，加之设施覆盖薄膜后，阳光的透光率仅有80%左右，薄膜吸尘或老化以后，其透光率又会下降20%~40%。因此，设施内的太阳辐射量，仅有夏季自然光强的30%~50%，为20000~4000lx，这远远低于果树光合作用的光饱和点。倘若遇到阴天，设施内的光照强度几乎接近于果树的光补偿点。光照弱、光照时间短，是制约果树设施栽培产量、效益的主要因素之一，也是影响设施内温度高低的主要原因。因此，改善设施内的光照条件成为提高设施果树产量和质量的主要措施。因此在合理采光设计的前提下，改善光照的措施有：选用透光率高的薄膜；在温度允许的前提下，适当早揭晚盖保温覆盖物；人工补光，铺、挂反光镜等。

2. 温度

晴天塑料大棚在日出后气温开始上升，最高气温出现在13时，14时以后气温开始下降，日落前下降最快，昼夜温差较大。温室内最低气温出现在揭开保温覆盖材料前，短时间内揭开覆盖材料后气温很快上升，11时升温最快，在密闭条件下每小时最多可上升6~10℃，这期间是温度管理的关键。13时气温达到最高，以后开始下降，15时以后下降速度加快，直到覆盖保温物为止。此后温室内气温回升1~3℃，然后平缓下降，直到第2天早晨。

保温措施有：减少缝隙放热，如及时修补膜破洞、设作业间和缓冲带、密闭门窗等；采用多层覆盖，如设置两层幕、在温室和大棚内加设小拱等；采取临时加温，如利用热风炉、液化气罐、炭火等。

降温措施有：自然放风降温，如将塑料薄膜扒缝放风，分放底脚风、放腰风和放顶风3种，以放顶风效果好。即扣膜时用两块膜，边缘处都黏合一条尼龙绳，重叠压紧，必要时可开闭放风，这样就在温室顶部预留一条可以开闭的通风带，可根据扒缝大小调整通风量。自然放风降温还可采取筒状放风方式，即在前屋面的高处每1.5~2.0米开1个直径为30~40厘米的圆形孔，然后黏合1个直径比开口稍大、长50~60厘米的塑料筒，筒顶用环状铁丝固定，需要通风时用竹竿将筒口支起，形成烟状通风口，不用时将筒口扭起，这种放风方法在冬季生产中排湿降温效果较好。温室也可采取强制通风降温措施，如安装通风扇等。

3. 湿度

冬季生产中，设施处于密闭状态下，空气湿度较大，对果树病害发生的影响极大。控制设施内湿度的措施有：通风换气，可明显降低空气湿度；在温度较低无法放风的情况下，可加温降湿；地面覆盖地膜，可控制土壤水分蒸发，又可提高地温，是冬季设施生产必需的措施。设施内灌水采用管道膜下灌水，可明显避免空气湿度过大。有条件可采用除湿机来降低空气湿度，在设施内放置生石灰，利用生石灰吸湿，也有较好的效果。

4. 气体

在设施密闭状态下，对果树生长发育影响较大的气体主要是 CO_2 和有害气体。

温室内的 CO_2 浓度在早晨揭开保温覆盖物时最高，一般可达 1% ~1.5%。此后浓度迅速下降，如不通风到上午 10 时左右达到最低，可达 0.01%，低于自然界大气中的 CO_2 浓度（0.03%），抑制了光合作用，造成果树"生理饥饿"。改善设施内 CO_2 浓度的方法除通风换气、增施有机肥外，应用较多的方法是利用 CO_2 发生仪，施放 CO_2 宜在晴天的上午进行，阴、雨雪天和温度低时不宜施放。施放 CO_2 还应保持一定的连续性，间隔时间不宜超过 1 周。

设施生产中如管理不当，可发生多种有害气体，造成果树伤害。气体主要来于有机肥分解释放气体、化肥和塑料棚膜的挥发气体、产生的气体等。因此要采取深施有机肥、覆盖地膜、及时通风等措施预防有害气体危害。

第六章　树莓的育苗及科学建园

一、育苗

榆林地区目前引入的树莓品种因栽种时间短，尚未发现有严重病害的品种。采用常规的营养繁殖方法，既适合目前引种发展的情况，又能获得大量的合格苗木，是快、好、省的有效繁殖方法。

苗圃地选择：选择交通方便、地势平坦、背风向阳、不易遭受风害和霜害，中性土壤和有机质含量高的砂壤土作苗圃。地下水位在 1.5 米以下，具有充分的水源可供给灌溉的条件。要避免种过茄科植物和草莓的地块，农耕地换茬或休耕 3 年的土地作树莓苗圃。如果是弃耕荒地，其他条件适合，也要经过 1~2 年土壤改良，彻底清除杂草和土壤病虫害，培肥土壤后再作苗圃，否则会带来无尽的麻烦。

整地和施肥：使用深耕犁全面翻耕一遍，再耙平。依运输和操作管理的需要，对苗圃地进行区划，设置主道和支道，将苗圃划为若干小区，便于经营和管理，并能提高土地利用率。育苗床的长短、宽窄依据地势高低和灌溉方式确定。苗床做好后立即施肥，优质有机肥每亩 2000~2500 千克，磷酸二铵 20~25 千克，全面均匀地撒施于苗床，再进行一次翻耕，使肥料和土壤混合均匀，整平苗床，灌透底水，以备育苗。

繁殖方法：有性繁殖和无性繁殖。有性繁殖是用种子培育出的实生苗，实生苗的变异性很大，技术要求高，只用于培育新品种。目前生产上使用的均为无性繁殖。在原产地美国和加拿大以自根营养繁殖为主，营养繁殖的苗木占85%。无性繁殖变异性小、繁殖容易、结果早。通常采用根蘖育苗和组培育苗2种方法。

1. 根蘖育苗

根蘖繁殖育苗是利用休眠根的不定芽，萌发成根蘖苗，培育成为新植株。红树莓品种一般都采用根蘖繁殖，因为这些品种的茎难生根或不生根，而其根系可产生许多不定芽，不定芽不断萌发成根蘖苗并具有容易成活、成苗较快、繁殖简便的特点。首先，在树莓的休眠期，土壤结冻前或在早春土壤解冻后芽萌发前，从种植园或品种园里刨出根系，刨根时注意防止根系风干失水并及时包装贮藏。若在土壤结冻前刨出根系需要经过较长的贮藏期，根系宜在0~2℃冷库里贮藏。在入库前洗净根系上的泥土，喷万霉灵65%超微可湿性粉剂1000~1500倍液进行消毒，塑料布包裹后装入纸箱，再放入冷库贮藏到春天育苗或出售。育苗量不大或就地育苗，可在春季育苗季节随刨随育，但苗圃地必须提前整地、施肥，做好准备。

来年春季，4月下旬，选好圃地，每亩施3~4立方米腐熟的农家肥。为便于管理，繁殖区不易过大，一般3000~5000平方米为宜。再从冷库里取出贮好的苗木，作为母本栽植苗进行栽植。栽植

方法是：南北为行，行距 1.5~2 米，株距 1 米，繁殖与生产兼用园
可采用行距 2.5 米，株距 1.5 米，每穴栽 2~3 株，穴内株距 5~10 厘
米，根系在穴内要疏展开，埋土深度与苗木原生长深度一平为宜，
然后进行灌水，确保苗木成活。秋季栽植的苗木，可在来年解除防
寒后保留苗圃地表 15~20 厘米的枝条，其余剪除，然后进行 4~5 次
的浅松土和除草，保留植株附近生长的幼苗。当年秋季每亩可繁殖
苗木 3000~4000 株，第 2 年每亩可繁殖 15000~20000 株。第 3 年除
正常取苗外，还可根据需要保留一部分植株作为产果植株。

目前生产上栽植的苗木普遍采用生产园蘖根繁殖。在除草时
行间要适当保留蘖根产生的苗木，秋季防寒前进行起苗。该方法简
单，还可有效地利用土地。

也可进行细致的苗床育苗。其方法是：在已准备好的苗床上用
平板锹起层厚 3~4 厘米的土，有序地堆放在苗床的两侧备用，起土
后苗床仍保持水平并用平耙平整床面。从包装箱取出根系，不要分
开粗细根，也不要剪断根系，按 20~25 厘米的行距，将 1~3 条根系
并列成条状平放在苗床上，然后把备用的土均匀地撒在苗床上，全
面盖住根系，覆土厚度也不要超过 3~4 厘米，但覆土必须均匀，不
露根。这种方法出苗快，苗整齐，生长均匀，当年可出圃合格苗木
50% 左右。但因做工较细，较费工，还需要具有经验和操作技能
较熟练的工人。在苗木生长期必须重视水肥管理。依土壤墒情及时
补充水分。除育苗前施足底肥以外，生长期内根据土壤肥力和苗木
生长状况确定追肥次数和数量，一般为 1~2 次。肥料用量（尿素）
10~15 千克 /677 米 ^{2}。根蘖苗前期生长缓慢，应及时清除杂草、落
叶及枯枝，避免苗木感病。

苗木出圃后，苗圃地里仍遗留足量的根系，翌年又可自然地萌发足量的根蘖苗。管理精细的苗圃可连续多年生产苗木。

2. 组培育苗

（1）组培的含义

植物组织培养是指在无菌条件下，将离体的植物器官、组织、细胞或原生质体，培养在人工配制的培养基上，人为控制培养条件，使其生长、分化、增殖，发育成完整植株或生产次生代谢物质的过程和技术。由于组织培养是在脱离植物母体的条件下进行的，所以也称为离体培养。凡是用于离体培养的细胞、组织或器官（如茎尖、叶、花粉等）统称为外植体。

（2）组培的理论

植物组织培养的理论依据是细胞全能性。所谓细胞全能性就是指植物体的任何一个有完整细胞核的活细胞都具有该种植物的全套遗传信息和发育成完整植株的潜在能力。植物细胞的全能性是潜在的，要实现植物细胞的全能性，必须具备一定的条件：①体细胞与完整植株分离，脱离完整植株的控制；②创造理想的适于细胞生长和分化的环境，包括营养、激素、光、温、气、湿等因子。只有这样，细胞的全能性才能由潜在的变为现实的。植物的离体组织、器官、细胞或原生质体在无菌、适宜的人工培养基和培养条件下培养，满足了细胞全能性表达的条件，因而能使离体培养材料发育成完整植株。在自然状态下完整植株不同部位的特化细胞只表现出一定的形态与生理功能，构成植物体的组织或器官的一部分，是因为细胞在植物体内所处的位置及生理条件不同，其分化受到各方面的调控，某些基因受到控制或阻遏，致使其所具有的遗传信息得不到全部表达的缘故。

（3）树莓组培育苗

树莓的组织培养是在无菌操作下，把茎尖生长点组织（或细胞）接种于人工配制的专用培养基上，在严格控制室温的条件下培育成健壮的幼苗。应用组培方法繁殖速度快，适宜于优良品种的快速扩繁。通过组织培养方法繁殖树莓苗，繁殖速度快，田间定植成活率高，根系发达，植株健壮，生长势强，分蘖能力强，进入丰产期快。尤其适用于不易发生根蘖的品种。该种方法的应用将有效提高树莓的种植效益，是发展树莓生产值得推荐的优质种苗繁殖方法。

植物组织培养的完整过程一般分为制订培养方案、外植体选择与处理、接种、初代培养、继代培养、壮苗与生根培养、试管苗驯化移栽等几个技术环节。

1）外植体材料的选取

外植体的选择是组织培养能否成功的影响因素之一。对于外植体的选择，首先要考虑芽在增殖过程中所使用的途径。通过形成腋芽的数量来预测增加芽的量，还可以通过产生不定芽的途径使芽增殖，也可以使用植株体细胞进行胚胎发生从而使芽增殖。研究表明，外植体供体植株的生长环境、植株年龄和取材部位的不同，以及不同的发育阶段的材料都会导致外植体在生理和生化状态上的明显差异，进一步影响组织培养下一步的形态发生。茎段与茎尖的对比试验结果表明，在分化率与生长势等方面茎段都不如茎尖更具有优势，尽管茎尖与茎段为同一类型的材料，都含芽原基。效果差异较大的原因可能因为茎尖在形态结构上比茎段更趋于完整，能成为更强的感受态。所以，要根据不同的植物品种选取适合的外植体进行组织培养，这样才能取得较好的效果。

从2019年2月20日至5月30日，每隔10天，分别取红树莓茎尖和带腋芽茎段接种。研究发现：

①大棚和大田最适选取茎尖时间分别为3月上旬和3月下旬，即红树莓地下根蘗根系上的不定芽萌发至1~3厘米，未破土出芽时最为合适。此时，地温回升，温度稳定，红树莓芽萌发活性强，体内多酚氧化酶和酚类化合物合成量少，不易发生褐变。所以，3月上旬接种地下茎尖容易成活。

②大田最适选取带腋芽茎段时间为5月中旬，此时，枝条中部生长充实，体内酶活性降低，腋芽较易萌发，且褐变程度低。

2）外植体的消毒时间及大小选择

植物组织培养所利用的植物材料体积小、抗性差，然而用于植物组织培养的培养基同样也适合于某些微生物的生长，培养物一旦受到微生物的污染，就会导致试验前功尽弃，因此做植物组织培养时就要求进行严格的无菌操作。常用的灭菌方法为：物理灭菌方法和化学灭菌方法相结合，先使用物理灭菌，再使用化学灭菌。物理方法具体时间根据剪取植物材料，可清洁剂清洗或流水冲洗；化学方法则是在超净台上进行，可以使用酒精、次氯酸钠、升汞等试剂进行消毒灭菌。目前在国内的大量试验结果表明，先用70%~75%乙醇溶液将外植体进行浸泡，再用0.1%升汞溶液消毒，最后用无菌水重复冲洗3~5次，可达到很好的消毒效果。大量试验表明，外植体消毒时间的长短和消毒剂的种类选择对外植体消毒的效果起着决定性的作用。消毒剂的选择和消毒处理时间两者之间的相互影响，存在着明显的线性关系，因此在试验过程中需要采用广谱试验法设置试验梯度，进而筛选出最适消毒剂种类及消毒时间。

①分别选用 10% 次氯酸钠、10% 双氧水和 0.1% 升汞作为消毒剂，发现最适消毒剂为 0.1% 升汞溶液，最佳消毒时间为 8 分钟，污染率低且外植体活性高，易成活。10% 次氯酸钠和 10% 双氧水消毒时间长，褐化严重，外植体受伤害程度高，且污染概率高。

②最适茎尖大小为 0.2~0.3 厘米，幼嫩茎尖在诱导培养基上易形成小的愈伤组织，成活率高达 80% 以上。茎尖过大污染概率高，易褐变死亡；茎尖过小成活率低。茎段大小以带一个腋芽为适，污染率低，易萌发。

3）诱导培养基的优化选择

培养基是植物组织培养的生长基础，在组织培养过程中起着十分重要的作用。在离体培养条件下，植物不同对营养的要求也不同，同一种植物的不同部位的组织也要求不同的营养。必须满足了它们对自身生长的特定要求，它们才能健康地生长繁殖。因此，任何一种培养基都不可能适合所有的植物生长，需要根据不同植物的特定要求建立适应其生长发育的培养体系。培养体系的建立，必须先找到适宜的培养基，以及适合的培养方式才有可能成功。

试验以 WPM、MS 和 B5 为基本培养基，添加相同浓度配比的细胞分裂素 BAP 和生长素 NAA，发现最适合诱导愈伤组织的基本培养基为 MS 培养基。以红树莓品种波尔卡为例，最适合诱导培养基为 MS+BAP1.2 毫克 / 升 +NAA0.2 毫克 / 升，愈伤组织诱导率为95%（表 6、表 7）。

表 6　不同浓度激素比例愈伤组织诱导率的比较

BAP（毫克/升）	NAA（毫克/升）	接种数（个）	愈伤组织成活数（个）	诱导率（%）
	0.05	20	11	55
1.0	0.10	20	14	70
	0.20	20	16	80
	0.05	20	12	60
1.2	0.10	20	15	75
	0.20	20	19	95
	0.05	20	11	55
1.5	0.10	20	15	75
	0.20	20	18	90
	0.05	20	10	50
2.0	0.10	20	14	70
	0.20	20	17	85

表 7　不同基本培养基愈伤组织诱导率的比较

基本培养基	BAP（毫克/升）	NAA（毫克/升）	接种数（个）	愈伤组织成活数（个）	诱导率（%）
B5	1.0	0.10	20	10	50
WPM	1.0	0.10	20	13	65
MS	1.0	0.10	20	16	80
B5	2.0	0.05	20	8	40
WPM	2.0	0.05	20	11	55
MS	2.0	0.05	20	14	70

4）增殖培养基的优化选择

在原培养基上，由于水分和营养的消耗，以及培养物分泌出的代谢产物的不断积累，达到产生毒害作用水平时，会导致培养物停止生长、老化甚至死亡，因此必须转移到新鲜的培养基上进行继代培养。增殖培养的目的是繁殖大量有效的芽和苗，用芽增殖的方法而不通过愈伤组织再分化的途径，有利于保持遗传特性的稳定。

以 MS 为基本培养基，添加不同浓度配比（BAP 和 NAA 各 3 个梯度）的激素，结果发现最适增殖培养基为 MS+BAP1.5 毫克 / 升 +NAA0.05 毫克 / 升，2 个月的平均增殖系数达 9.7（表 8）。

表 8　不同培养基的增殖效果比较

BAP（毫克 / 升）	NAA（毫克 / 升）	接种数（个）	不定芽总数（个）	平均增殖系数	丛生芽生长状况
1.0	0.01	20	123	6.15	生长较慢，玻璃化较重
	0.02	20	131	6.55	生长较慢，玻璃化较轻
	0.05	20	137	6.85	生长较慢，苗壮且生长势均匀
1.5	0.01	20	176	8.80	生长较快，玻璃化较重
	0.02	20	184	9.20	生长较快，玻璃化较轻
	0.05	20	194	9.70	生长快，苗壮且生长势均匀
2.0	0.01	20	152	7.60	生长较快，玻璃化严重
	0.02	20	178	8.90	生长较快，玻璃化较重
	0.05	20	186	9.30	生长快，玻璃化轻，长势不均

5）生根培养基的优化选择

生根诱导是植物组织培养必不可少的环节，如果诱导培养、继代增殖培养技术都成熟，而在生根培养或炼苗技术上不成熟，仍然达不到组织培养的目的。

分别以 1/2MS、1/3MS、1/4MS 为基本生根培养基，添加不同浓度梯度的 NAA、IBA 和 IAA，初步发现最适生根培养基为 1/3MS + IBA0.5 毫克 / 升，生根率达 95%（表 9）。

表 9　生根培养基配方比较

基本培养基	IBA（mg/L）	接种数（个）	生根数（个）	生根率（%）	根生长情况
1/2MS	0.1	20	6	30	生长较慢，侧根少，植株弱小
	0.2	20	8	40	生长慢，侧根较少，植株小
	0.5	20	9	45	生长慢，侧根较少，植株不均
1/3MS	0.1	20	15	75	生长较快，侧根较多，植株中庸
	0.2	20	17	85	生长较快，侧根多，植株健壮
	0.5	20	19	95	生长快，侧根多，植株健壮
1/4MS	0.1	20	12	60	生长较快，侧根较多，植株弱小
	0.2	20	14	70	生长较快，侧根多，植株中庸
	0.5	20	15	75	生长较慢，侧根较少，植株弱小

6）炼苗

当苗高 5 厘米、有 5 条以上健壮根系时要在温室炼苗 7 天。首先在培养室内将生根后的培养苗的瓶口打开 1/2，1 天后完全打开，经室内炼苗 2 天后，转置大棚内，继续开盖炼苗，使其逐步与外界接触，提高组培苗对环境的适应能力。大棚内需遮阴 30%，湿度控制在 85%，温度为 25~35℃。

7）移栽

①移栽前准备　选择排灌条件良好的大棚作为苗圃地，用田园土 40%、草炭 30%、河沙 30% 配制混合基质，装入营养钵内（5厘米 ×8 厘米或 8 厘米 ×8 厘米）或育苗穴盘（50 厘米 ×50 厘米），平铺于温室中，做成厚度 20 厘米、宽度 100 厘米左右的畦。移栽前 2 天用 500 倍多菌灵浇灌灭菌备用。若是早春季节移栽，需提前铺设地热线，以便提高地温促进生根。移栽苗生长至 20 厘米以上时便可用于建园栽植。

②移栽　炼苗结束后，用酒精消毒后的镊子等工具将组培苗

从瓶内轻轻取出，用清水将根上的培养基冲洗干净（防止病菌滋生），水速要慢，动作要轻，避免伤根。移栽到营养钵内，温室内气温保持白天 20~25℃，夜间 15~20℃，80％以上相对湿度，以及 500~1000lx 光照强度移栽组培苗。光照过强则应加设遮阴网。

③温度、湿度、光照的调控　组培苗移栽初期，对光照的要求比较严格，一般控制在 3000lx 为宜，在新根形成后，可以通过增加或减少遮阴网调节光照强度，以达到合理的光照条件，并可适当降低湿度，以 60％~70％为佳。当新梢长出后，撤去遮阴网、增加光照，最终达到温室水平。

④肥水管理　在新根形成前，不需喷施营养液，否则会造成根系无法形成。待幼根形成后，可适当喷施营养液，每 14 天喷施 1次营养液（营养液为ＭＳ营养液），其浓度为ＭＳ营养液的稀释液，避免烧根，通常基质干后即可浇水；待根系大量形成后，可增加喷施营养液的浓度和频率，一般与清水交替喷施。

⑤病虫害防治　树莓组培苗移栽后，主要病害就是立枯病对其的影响较为严重。立枯病主要的发生原因是土壤带菌，发病后用 96％恶霉灵粉剂 3000 倍液喷施，有良好的治疗效果。日常管理时期，如遇天气降温应及时保温增加取暖设施，可以减轻病害的发生。

8）定植

移栽后，经过 1~2 个月的炼苗，移栽苗长至 20 厘米以上后，即可移至田间定植。树莓组培苗具有繁殖系数高、根系发达、苗壮、生产周期不受限等优点，是树莓规模化生产的重要措施。

3. 苗木出圃

第 1 年苗木定植后，可在行间间作矮棵农业作物如黄豆、小红豆、绿豆等，并及时除草（每年 5~7 次），确保土地疏松。在冬季气候干燥寒冷的地区，树莓苗木露地越冬容易枯死，因此，在越冬前，要将苗木出圃进行贮藏。为方便起苗，秋季在营养回流结束、枝条充分木质化后，将枝条割至 1 米左右，以备起苗。起苗时，在距离苗木 10 厘米左右将锹直立插入，将苗木起出，这样不仅苗木根系完整，地下还能保留大部分蘖根。为确保第 2 年苗木数量和质量，起苗后应检查地块，将裸露在地表的根系掩埋，结合平整土地，每 667 平方米施农家肥 5~7 立方米。如果天气干燥，应及时进行浇水灌溉，确保次年的种苗萌发率。起苗时注意少伤根系，随起苗随捆扎，50~100 根苗捆扎一把，及时运到假植沟假植。需外运的苗木，要进行包装运输。20~50 株捆成一捆，做好品种标记，放入纸箱中，用湿锯末撒满根部，用塑料薄膜包严，再进行运输。第 2 年春季，剩余的蘖根会萌发大量的蘖根苗，田间管理以除草为主。

4. 苗木的假植与运输

如当年不栽植，要对苗木进行假植。假植沟要在起苗前 1 个月挖好备用。有条件的地区可用 2~5℃的冷库贮存苗木。

选择背风、平坦的地方，挖假植沟。沟的宽度和深度要根据当地的气候条件而定，避风向阳。长度要根据苗木的数量和地块来定。可保持沟内适宜的温度和湿度，在更寒冷的地区可加大假植沟的深度。假植时将捆扎好的苗木 5~10 把并列成一排置于沟内，用疏松的砂壤土埋住根系，埋土厚高出苗木地颈 10 厘米左右。照此方法一排接一排地假植苗木。一条沟假植满后，灌透冻水。沟口上用苇帘或玉米秸秆覆盖，防冻保墒。

调运苗木前，应根据要求，进行灭菌消毒处理。裸根苗宜在根系萌发前或萌发初期调运；绿叶苗宜带土调运。长途运输应尽量选择密封的厢式车辆，防止运输过程中苗木风干枯死。短时间可存放在 5~10℃的房间内低温保湿备用，长时间存放应进行假植。苗木保存过程中切忌将根系在水中浸泡时间过长，造成根系发黑、腐烂，降低种苗成活率。

二、建立果园

1. 园地选择、规划

树莓为浅根喜光性植物，耐寒、不耐旱涝。栽植树莓需选择交通便利、距离公路等交通线 500 米以上、通风良好、日照充足、土壤肥沃、排水灌溉方便的地块建园。地下水位在 1 米以下，土壤为中性或微酸性的砂壤土或透水较好的壤土较好。山地种植宜在浅山区、缓坡地更好。以前种过土豆、茄子、西红柿、草莓的土壤，不适宜种植树莓，因为一些病菌可能存在于这些土壤中，使果实受害。需轮作或休耕几年后使用。前茬是草皮的地块，土壤中多有金龟子，使用过除草剂的地块要过了有害期限方能选用。

选择好园地后，首先要依据园地的地形、地势，进行果园区划，设计道路、作业小区和灌水、排水系统，有条件的园地周围造防风林。在园区外围种植防护林不仅可以防风、保持水土，还可增加土壤及空气温湿度，减轻树莓冻害，提高坐果率。

2. 整地

高标准的整地是树莓高产、稳产、优质的保证，园地选择好后，应在定植前 1 年深翻并结合压绿肥。在原产地美国，为了提高土壤有机质（一般要求土壤有机质达到 3%），增加土壤肥力，至少在种植树莓前 1~2 年整地，如果杂草较多，可提前 1 年喷除草剂杀死杂草。土壤深翻深度以 30~35 厘米为宜，深翻熟化后平整土地，起垄，清除石块、草根、硬木块等。在水湿地潜育土这类土壤上，应首先清林，包括乔木及小灌木等，然后才能深翻。因此，种植树莓前 1~2 年应对土地进行细致的整地，包括深翻和播种绿肥，彻底消灭杂草和压绿培肥等，以提高土壤有机质水平和改善土壤物理性状。

3. 苗木栽植

（1）栽植方式与密度

沟栽：沟栽一般用于根蘖苗。沿种植行（南北行）定线开沟，沟深 30~40 厘米，宽 20~30 厘米，沟间距 200~250 厘米，如果整地时已施有机肥，则此时种植沟内不需施肥，如果没有施肥，则需要在种植沟内施一定量的有机肥。然后将苗木按株距 30 厘米左右放入沟内，摆正，扶直，使根系舒展，埋土，踩实。可采用一人开沟，一人放苗、扶苗、踩实，一人埋土的办法进行作业。栽苗要迅速，以防止苗木日晒和抽干。栽植深浅直接影响树莓的成活率。因为苗木地上部分芽萌发率较低，主要依靠苗木上一年的营养积累，由基生芽从地下萌发形成幼苗，如果苗木栽植过深，根部温度低，基生芽萌发晚，如果萌发至 5~7 厘米还没有露出地面，营养消耗殆尽，又没有新的营养来源，将使苗木很难成活；而苗木栽植过浅，春季干旱时易抽干。所以栽植深度按高于苗木原生长土印2厘米以上即可。

穴栽：一般用于组培苗。沿种植行（南北行）定线挖穴，定植穴大小根据苗木的根系大小而定，一般25厘米左右，穴距一般30厘米，行间距200~250厘米。如果整地时没有施肥，则每穴施有机肥1~2千克和果树专用肥25~30克，先将表土回填在穴底约10厘米厚，再把表土与上述肥料混合均匀填入穴里，然后再用熟化的土壤填平定植穴。也可先把有机肥1~2千克和果树专用肥25~30克置于穴底，把表土回填在穴底约10厘米厚，然后再用熟化的土壤填平定植穴，一般每穴栽2株。

带状栽培法：带状栽培法也就是沟栽，适用于大面积栽植，其好处是株行间管理方便，通风、透光，栽植密度行距为2.0~2.5米，株距为0.30~0.50米，每667平方米栽植800~1000株。1~2年后带状成林，带宽40~50厘米，株距200厘米，每667平方米结果株数2500~3000株（图1）。

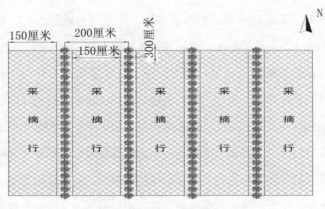

图1　红树莓栽植平面示意图

（2）栽植时期

树莓和北方其他落叶果树一样，春栽、秋栽和夏季雨天栽植均可，一般以春栽为主。

春季栽植是在土壤解冻后苗木萌发前，在土壤 10 厘米地温稳定在 5℃以上时栽植，榆林地区一般在 4 月中下旬栽植，最迟不要晚于 5 月 10 日。春季栽植，季节温度适宜，降水多，根系生长快，便于管理，能保证成活率和保存率，使其尽快成园。通常春天栽植成活率较高。如栽植量大，一天栽不完，应把苗存放在背阴、凉爽的地方，将苗木喷上水盖上草帘子等覆盖物，保证苗木不风干、霉烂、萌芽，如时间过长最好存放在湿度不超过 90%，温度在 0~4℃的冷藏库内，或再次假植。

秋季栽植在 10 月上中旬，在苗木完全成熟木质化至土壤结冻前，以早栽为宜。地上部分 20 厘米，栽后应全株埋土越冬。

4. 抗旱造林技术

榆林市地处干旱、半干旱地区，降水稀少、风大高寒、温度变化剧烈，严重影响人工林的成活与生长。在春季，气候干燥、风大、温度逐步回升，易于造成生理干旱；在夏季，天气炎热，地面的最高温度可达 50℃以上，植物蒸散强烈。在此情况下，如不采取有效的抗旱造林措施，植株很快就会枯萎死亡，从而影响造林成效。因此，在红树莓造林过程中应采取一些实用的措施来解决干旱问题。

（1）修剪

将要栽植的苗木进行适当修剪，不仅可以减少水分散失，同时能够刺激苗木萌发和生长，对于提高成活率和生长量具有积极作用。红树莓的修剪方式主要包括截干、修枝、去顶、修根等，也可将 2 种以上的方法结合起来使用，如截干修根、去顶修根等。

（2）蘸根或浸根

在栽植前将苗木的根系放入清水、泥浆、磷肥、阿司匹林或 ABT 生根粉等溶液中浸（蘸）一下，随浸（蘸）随栽，可以有效提高造林成效。将苗木根系在清水中浸泡 2~3 天或在泥浆里蘸一下，可以提高苗木根部的含水量、增强抗旱能力；用磷肥溶液浸（蘸）根能满足树木生长初期对养分的需要、促进根系生长，从而扩大吸收范围、增强吸收能力；用阿司匹林喷施树体或蘸根可以关闭保卫细胞，具有减少蒸发的作用；浸（蘸）ABT 生根粉，可以补充外源激素与促进植物内源激素合成的功能，从而促进根系形成、缩短生根时间。由此可见，生产中采用过磷酸钙 1.5 千克、黄泥 12.5 千克、加水 50 千克的混合物浸（蘸）根，具有多重功效。

（3）使用保水剂

栽植完成后，可将保水剂溶液浇灌在栽植穴内，或将保水剂溶液在栽植过程中渗入栽植穴内，可以有效吸收水分、持久供水。保水剂在土壤水分充足时作用明显，但当土壤缺水时会发生反渗透，这种现象必须引起高度重视。因此，在使用中应注意适宜的数量、时间和方式。

（4）深栽浅埋

在土壤干旱层比较深的地方，将苗木根系直接栽到土壤水分较充足的土层，无疑对苗木吸收和利用深层水分非常有利。浅埋以不超过苗木原土印 2 厘米为宜，自然形成一个凹形坑槽，可以更好地蓄积雨水。

（5）地膜覆盖

应用地膜覆盖可以减少土壤蒸发、提高土壤温度，同时防止或减轻土壤返盐现象，有利苗木尽快生根成活。覆膜栽植法适用于组培苗的栽植，选择排灌条件良好的大棚作为圃地，捡干净茬子和较大的土块，首先做垄或不做垄，垄高5~8厘米，宽70厘米，垄间距200厘米（为了节约土地，第2年撤去中间一行，进行移栽）。然后在垄上覆膜，一般选用宽100厘米，厚0.05~0.09毫米的塑料薄膜，覆膜时一定要拉紧并用土把四周压实。之后再在覆膜的垄上每隔30厘米挖一个定植穴，把带有土球的组培苗放入穴里，每穴放1株苗，使根颈与地表平行，并用土继续压实，浇透水，为缩短缓苗期，提高成活率，要勤浇，保持土壤湿润。

温度过高或过低都会影响树莓组培苗的生长，树莓组培苗适宜温度在23~25℃，一般为白天温度23~30℃，夜晚温度20~25℃。当温度过高时，可通过遮阴和喷水来降低温度；温度过低时，可通过适当撤去遮阴网和加热给幼苗加热。刚栽植的组培苗，适应能力较弱，根部吸水能力差，水多极易烂根，水少则易脱水。此阶段，组培苗湿度控制也是非常严格的，其相对湿度的适宜范围为60%~70%为佳。当新梢长出后，可以逐步放风至达到温室水平后撤去小拱棚。

组培苗移栽初期，对光照的要求比较严格，一般控制在3000 lx为宜，可以通过增加或减少遮阴网调节光照强度，以达到合理的光照条件；在新根形成后，可以逐步撤去遮阴网、增加光照，最终达到温室水平。

（6）拦蓄降水

在条件不同的地段，采用水平沟、反坡梯田及鱼鳞坑等方式整地，均可有效拦蓄降水；如果创造一定的集水面，效果更好。例如，采用水平沟整地，把苗木栽植在沟内的阴面斜坡上，对苗木成活率极为有利。

（7）抗盐碱栽植技术

树莓喜酸性土壤，经试验观测，在定边县林业科技示范园栽植2次成活不理想，可能与灌溉的水中盐分高有关。通过客土改良、高台栽植、加施酸性肥料、引水排盐、提前挖出土壤暴晒等措施，可有效改良土壤，提高植株的成活率。

（8）树莓授粉

树莓虽能够自花授粉结实，但也应配置一定量的授粉树，如有条件还应放置蜜蜂进行授粉，这样能有效地提高浆果产量与质量。

第七章 树莓园栽培管理

一、果园土、肥、水管理

栽后要经常检查土壤水分，保持土壤水分稳定，当水分不足时，应及时灌水。灌水量不宜多，润透根系分布层即可。在旱季，每隔 3~5 天灌 1 次水。雨季防止栽植沟内积水，影响土壤通气，发生烂根。在夏季高温的条件下，土壤积水十几分钟可致使树莓幼嫩的吸收根窒息而死亡。另外，要防止土壤板结、杂草丛生。要根据土壤和杂草生长情况进行中耕除草。中耕除草宜浅不宜深，以免伤害根系和不定芽。保持土壤疏松通气，可预防根腐病和根瘤病的发生。

1. 果园土壤管理

树莓根系需氧性高，90% 的根系分布在土壤上层 10~50 厘米处，因此对土壤的选择，只要不是黏性的土壤都可以栽。重盐碱地和土层薄、沙石过多的地块不宜栽植。树莓最忌土壤板结不透气，若忽视果园的土壤管理和改良，树莓不能正常生长，将失去经济意义。采用行间播种绿肥、行内松土除草保墒等措施，对增加土壤有机质、改善土壤结构和肥力十分有效。树莓的生长发育与其他植物一样，离不开适宜的水分、光照、温度、土壤等环境条件。树莓栽植后的第1年要加强以下几项田间管理。

（1）松土

灌水后松土既能使土壤保墒，又能改善土壤的通气条件，有利于幼树的根系生长，也有利于水分的渗透，减少蒸发，使土壤在植株年生长周期内均能保持一定的湿润状态，供应生长发育和成长所需要的水分。

（2）除草

杂草是树莓园内最大的敌害，能从土壤中吸收大量的养分和水分，使土壤贫瘠干燥，严重影响树莓的生长发育。因此要坚持"除早、除小、除了"的原则。5月上旬，结合第1次除草，铲除地上杂草和根蘖苗，深度10厘米左右，以减少土壤水分的消耗；6月中旬进行第2次深耕，深度20厘米，将地下部分蘖根切断，减少养分消耗；6月下旬如天气干旱，可结合灌水进行第3次浅松土，深度10~15厘米，以利保墒；果实采收后如果土壤板结，再进行2次中耕，深度15~20厘米，以保证根系正常生长发育。树莓园不允许使用化学除草剂，防止发生药害。

2. 施肥技术

树莓是一种蘖根繁殖力强、生长快的植物，因而需肥量大。特别要加强花期前的肥水管理，才能保证好收成。肥力不足将影响树莓的产量、果实品质、果实成熟期和初生茎的生长发育，影响下一年的产量。施肥的目的在于在树莓需肥时通过施肥供应作物充足的营养，消除养分不足对产量和果实品质的影响。施肥不仅可以提高土壤养分供应能力，促进树木生长，而且能加速幼林根系发育，从而提高水分吸收和利用的能力。对于红树莓而言，其生长、开花、结果都需要消耗大量的养分。

（1）基肥（底肥）

以农家肥为主，化肥为辅，5月上中旬树莓上架后施入。施肥的方法是距植株基部15~20厘米挖坑或开沟施入。2年生以上植株每穴混合施入2~3锹农家肥和100克氮肥，而后用土盖严。施肥可在植株周围进行，使根系向四周伸展，充分利用土壤中的肥力。6月上中旬宜连续喷2次不含氯元素的叶面肥，间隔时间为7天。风沙土和黄绵土养分贫瘠，肥力不足，这就需要人工施肥，一般冬季施农家肥，每667平方米应施入腐熟的羊粪或牛粪等有机肥3000~4000千克。

（2）追肥

土壤肥力低，初生茎生长缓慢，不能形成强壮的植株，将影响来年结果。应补充基肥的不足，促进果实膨大和花芽分化，提高果实的品质和产量。追肥以化肥为主，如尿素、复合肥、硫酸钾等。追肥一般分2个时期进行：一是开花前结果枝旺盛生长期，需大量氮肥，对于穴植苗，可在株丛基部20厘米处开沟15厘米深施氮肥30克，边施边覆土，如土壤干旱，施入后应立即灌水；二是果实采收期，将氮、磷、钾肥料混合施入，每丛施40克，以提高果实品质和产量。注意不可以使用氯化钾或含氯化钾的复合肥，否则会产生肥害，导致叶缘烧伤呈棕焦色。

可以根据叶片营养元素诊断指标（简称叶分析）与有关植物矿物质含量标准参考值（表10）相比较，了解所测元素的盈亏状况，指导施肥。

红树莓对氮、磷、钾肥的需求比例尚不明确，但大体约为1.5∶1∶1。一般情况下，每公顷施磷肥（磷酸二铵）75~105千克，穴施0.05~0.06千克；每公顷施钾肥37.5~45千克，穴施0.02~0.05千克；施肥最好配合浇水，以提高养分利用效率。

试验表明，树莓营养生长期内施氮肥3~4次，间隔25天，可降低土壤的pH值。也可以在树莓开花前2周施树莓花期NPK复合专用肥，以提高开花率。采果中期与后期分别施树莓果期NPK复合专用肥，可提高果实品质，延长采果时间。所用专用肥按每667平方米每次50千克配肥，用水充分溶解，利用滴灌系统8小时内滴完。大田施肥时，花蕾期，在距株丛20厘米处开沟，施入氮肥30克，边施边覆土；果实采收前15天，将氮磷钾复合肥料按1∶1.5∶1.5混合施入。

表10　植物矿物质营养元素含量标准参考值

元素名称	元素含量范围			
	缺	低	适量	高
氮（%）	< 1.7~2.4	2.4	2.8~4.0	—
磷（%）	< 0.9	< 0.1	0.15~0.29	0.5
钾（%）	0.56~0.94	1~1.25	1.5~2.70	—
钙（%）	< 1.0~1.5	1.8~2.0	1.5~2.20	1.0
镁（%）	0.13	0.15~0.25	0.30~0.70	1.0
铁（毫克/千克）	60	73	100~250	400
硼（毫克/千克）	11~17	18~30	25~60	60~80
锌（毫克/千克）	6.9~15.0	—	12~60	80
锰（毫克/千克）	5~25	17~37	35~280	450
铜（毫克/千克）	< 5.0	4.0	7.0~25.0	100

3. 水分管理

（1）灌水规则

树莓既耐旱又喜水。要根据土壤墒情决定浇灌与否。土壤含水量应保持田间含水量的 60%~80% 为宜，低于 50% 应及时灌水。目测方法：用手将土紧握成团，松开手指后不能成团，表明土壤湿度太低，需要灌水。采收前不宜灌大水。天气干旱时要增加灌水次数。灌水时应注意一次灌透，使水分达到主要根系分布层。

（2）灌水时期

解除防寒后灌水（时间约为 4 月下旬至 5 月上旬，修剪完成后进行）。

新梢生长至坐果期灌水（时间约为 6 月下旬，开花前，促进开花坐果）。

果实迅速膨大期灌水（时间约为 7 月中上旬，增加产量。如果雨季的降水不能满足也要及时灌水）。

埋土防寒前灌封冻水（时间约为 10 月中旬，埋土防寒前进行，方便埋土，提高树体越冬能力）。

（3）灌水方法

可采用多种方法灌溉，提倡采用滴灌、喷灌等节水灌溉技术。

（4）排水

水分管理的同时，要了解种植地区的降水量、季节内降水模式和频率，水分过多的立地条件，树莓都不能忍耐，特别是红树莓，树莓园地积水不能超过 72 小时，如果树莓地块积水达 1 天就要及时、彻底排除园地积水，达到根部没有积水。

总之，在生产实践中，应结合施肥、松土进行灌水，确保优质高产。

4. 越冬与解除防寒

树莓在地表接近 0℃，地下尚未结冻前，在 10 月 15 日前后进行埋土防寒，时间过晚则天气寒冷，枝条脆，易折断，不利于防寒作业。埋土前灌 1 次透水，起到密集土壤，方便埋土，提高树体越冬能力的作用。防寒时两人一组，一个人拢压枝条，一个人用锹埋土。作业时将树莓用绳拢在一起，一只手抓住枝条中部，另一只手慢慢压基部，沿行向顺直使枝条慢慢压倒触地，对枝条根部要堆好枕头土，枝条应紧贴地面，禁止损伤枝条。埋土厚度以不露枝条为宜，埋土时要拍实，取土要在行间离株丛基部 50 厘米处进行，防止伤根。埋土后，在上冻前检查 1 次，在初雪刚融化后（2 月份之前）再检查 1 次，如有枝条露出，用土埋严。

解除防寒一般在第 2 年 4 月中下旬，当 10 厘米地温稳定在 5℃时，即可撤除防寒土。方法是首先撤掉防寒物，然后用锹、铁耙清除两侧的防寒土和枝条上部浮土，将植株梢部轻轻扶起，清土时要把枝条基部的浮土清净，以免根部上移，缩短株丛生长寿命，也可在绑架枝条后用窄木板清除枝条基部浮土。撤除防寒土，将枝条扶起。除净防寒土，尤其要除净枝条基部的浮土，禁止损伤嫩芽和枝条。

二、树莓的修剪与篱架

树莓除土、肥、水管理和病虫害防治外，还要对植株茎、枝（蔓或藤）生长势及株形进行管理。要通过修剪和采用支架对植株生长进行有效控制，以改善树莓生长、果实质量、病害感染性、收获的难易性以及灌溉的有效性等。

1. 修剪

树莓有旺盛的生命力，结果枝基部每年抽生大量的基生枝，年伸长可达 2~5 米，如不进行合理修剪，易造成架面郁闭，光照不足，果实小，品质差，产量低，基生枝条成熟度差，花芽分化晚，因此必须要进行合理修剪。修剪分春剪、夏剪和秋剪。

（1）春剪

4 月下旬至 5 月中旬在枝条绑缚上架后，展叶前进行，不宜过晚。春季气温高，枝芽生长快，修剪过晚会出现因枝芽大部分展叶而消耗结果枝的营养。树莓春剪的原则是除病枝、去伤枝、短截枝梢。方法是用剪枝剪把株丛的病枝、损伤枝、冻枝、抽干枝剪掉。然后再根据枝条的强弱适当剪留，每丛保留 8~12 枝为宜。将绑架好的枝条梢部进行短截，由地面算起，留 150 厘米即可。横杆以外部分的长度不能超过 20 厘米，否则果实成熟期结果枝易下垂，不便于管理、果实采摘，还易受风害。

（2）夏剪

6 月初基生枝全部萌发后，在枝条生长到 1 米左右时进行。此期间是基生枝生长旺盛期，消耗养分和水分较多，如不及时修剪，易造成树莓下部结果枝落花落果、叶片早期脱落，丛内通风透光差，成熟的果实腐烂，基生枝生长细弱，秋季花芽分化不良等现象。所以夏季修剪对于树莓基生枝的生长发育、产量高低都起到重要作用。修剪的原则是留强去弱，每丛保留 12~16 个生长强壮的枝条，使丛内的枝条分布均匀，其余全部剪掉。修剪的剪口与地面越近越好，同时要避免碰伤保留的枝条。

（3）秋剪

首先是对结果母枝的剪除，其次是对当年基生枝条短截。

①剪除结果母枝　8月中下旬采收结束后，结果枝开始干枯，为促进基生枝木质化，必须及时剪除母枝。修剪前先撤掉枝条架杆，再剪除枝条，并注意保护好当年新生枝条。剪枝的位置，从地面计不得高于5厘米，以免影响埋土防寒和株丛基部上移，以延长树莓经济年限。

②当年基生枝短截，即打梢　是对当年基生枝在结果母枝剪除后进行的梢部短截。短截后可促进枝条充分木质化和花芽进一步分化，同时也便于防寒。短截的时期不宜过早，过早会出现枝条分枝，花芽秋季萌发而消耗大量营养。短截应在9月中下旬进行。短截后可使枝条木质化加快，营养集中，从而增强植株抗病抗寒能力。短截时从地面算起保留180~200厘米的枝条为宜，其余全部剪掉。剪后用绳或枝条将株丛拢起，防止植株分散、倒伏、相互磨擦损伤表皮，但拢时不宜过紧，以免影响通风透光。

2. 篱架

由于树莓是一种丛生灌木，枝条细长，髓部组织疏松，结果期易倒伏。为了便于管理，使结果枝和基生枝生长良好，应充分利用空间，创造良好的通气透光条件，选择相应架材是确保树莓增产的重要措施。

（1）架材的准备

木柱、竹竿、水泥柱、铁丝。水泥桩规格：10厘米×10厘米×

200厘米。竹竿或铁丝是固定在水泥柱或木柱上引绑枝条的横杆，竹竿要求弯曲度要小，长度2米以上，小头直径不小于2.5厘米。架线可以选择10~12号铁丝。

（2）架式

①单架单线绑缚上架技术　沿栽植行每隔200厘米设1根水泥立柱，埋入地下深度约40厘米，然后选用12号铁丝或竹竿，在立柱上牵引绑缚固定1~2道铁丝或竹竿，上层铁丝距地面100~120厘米，下层铁丝距地面40~50厘米，可用U形钉或其他方法将铁丝固定，用特制的紧线器拉紧铁丝，但不要拧死，以便根据整形需要随时调整铁丝线的高度。最后将结果母枝均匀地绑缚在铁丝上。这种技术可使树莓枝条受光均匀，提高果实受光面积，光照条件好，增加行间通风条件，且采收果实及其他栽培管理均方便。单架单线种植行总宽度不超过30厘米，占地面积小，适合于树莓与其他乔木类经济果树混交栽培。

②单架双线绑缚上架技术　与单架单线绑缚上架技术基本相同，不同之处是在所有水泥立柱上绑两道钢筋横杆（长约30~50厘米），距地面位置也是上层铁丝距地面100~120厘米，下层铁丝距地面40~50厘米，在横杆两端牵引铁丝，然后将树莓丛中的结果母枝绑缚在两道铁丝上。单架双线绑缚上架技术种植行总宽度约50厘米，适合为提高单产的树莓园。

（3）绑缚上架

解除防寒后5~10天，大部分枝条开始萌芽、展叶。展叶后芽茎柔嫩，引绑过晚易碰掉，造成减产，所以必须及时绑缚上架（未萌芽前）。引绑枝条以2个枝条绑在一起为宜，使之均匀分布在架杆上，开成扇面，平地枝条向南，坡地枝条向山坡，引绑要牢固，以防止风吹移动。

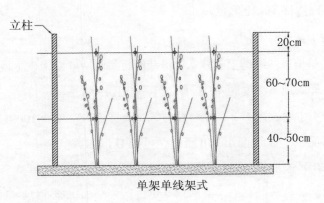

单架单线架式

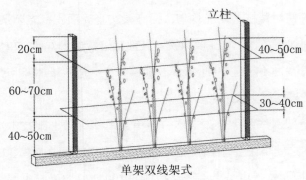

单架双线架式

图2　树莓单架单线和单架双线绑缚上架技术示意图

第八章　树莓果实采收、分级和采后处理

一、果实采收与分级

红树莓成熟期较长，应根据果实的不同用途分期分批采收。每隔1~2天采收1次，尽可能在气温低的时候采摘，下雨天不要采收，否则易于霉烂。树莓浆果需在九分成熟时采摘，不可过熟，也不可过早。供鲜食时要在充分成熟前2~3天带花托、果柄采收，以延长货架期。通常需要每天采收或1~2天采收1次。采后放入包装袋或容器中，不要直接暴露在阳光下。

掌握合理采摘时间很重要。对于批发的鲜食树莓，最佳采收时期应在果实第一次完全变红并向暗红色转变之前。这样采摘的树莓货架期长。对于过熟的树莓，应及时摘除并运出种植区销毁。采收前，首先要备好果盒，一般多采用小而浅的纸盒或塑料盒，小纸盒每盒可装450克浆果，塑料盒可装900克，禁止用太深的容器。防止果实相互挤压造成破损腐烂。用于加工的果实，采收时不带花托、果柄，采后鲜果应当日加工或进冷库暂存，次日必须加工完毕。

果实采收后根据其成熟度、大小等进行分级。

二、采后处理

因呼吸作用会导致采摘后的果实收缩和降低可溶性固形物含量，所以必须采取低温、高 CO_2 和低 O_2 贮存条件，来降低树莓果实的呼吸作用。通常用温度控制的方法来延长果实品质，采用预冷处理、速冻等方法贮存以达到果实保鲜。

1. 预冷

预冷是在果实收获后和贮存前的冷却处理措施。可将果实的水分散失一部分，使真菌生长和果实破裂降到最小程度。及时预冷对树莓果实保鲜很关键，最好采摘后 1~2 小时内完成，使果实温度降低到 10℃以下，减少果实腐烂的发生。大面积种植园可安装一个专门的预冷设备，也可用普通风扇吸收冷空气。待果实冷却后，包装在塑料盒中减少贮藏期间的水分丢失。

2. 贮存

温度、湿度、CO_2、O_2 含量是影响树莓贮存质量的主要原因，而温度或湿度更为重要。树莓果实的腐败病在 4.4℃时停止活动，灰霉菌在 0℃时停止生长。贮存室本身温度应保持在 -1.1℃，这时果实不会结冰。也可将贮存温度稍微提高到 0℃，以留有温度波动余地。

国外研究报道，树莓特别适于气调贮藏，较高的 CO_2 含量（14%~20%）可降低真菌生长和软果的呼吸比率。但高 CO_2 含量可造成树莓异味，低的 O_2（2%~3%）含量也可造成果实异味，通常在通风处放上几小时异味自动消失。张晓宇等（2009）的研究表明，树莓果实的最佳气调贮藏条件为 $CO_2 \leqslant 10\%$、$O_2 \geqslant 5\%$，这种气调环境下树莓果实贮藏 20 天后仍可保持较好的品质。

采用新型透明外包装材料，可保存果盒内部的 CO_2 和盒外侧的 O_2，对在短期内减少果实霉菌生长能起到很好的作用。

3. 果实的速冻

鲜果可以速冻起来，用于以后出售。采摘后立即速冻，其效果最佳。因为，推迟几个小时就会导致香味明显挥发。一包装袋速冻果含有 585~855 克糖浆，加糖可减少冰晶量形成和微生物生长。烘烤食品用的果，最好用容量 14 千克的罐头，有糖或无糖均可。这种罐头果的贮存，要尽快在 -18℃ 下冷冻，以减少包装内的冰晶量，保持果实的完整和色泽，降低维生素 C 的丢失，维持果实的完美风味。速冻果的贮期为 14 个月。

4. 果实的运输

树莓果实在从收获到餐桌的过程中，损失率可高达 40% 左右，其中从种植者到批发商的过程中损耗 14%，从批发商到零售商的过程中损耗 6%，从零售商到消费者的过程中又损耗 22%。这么高的损失率，几乎都是由于操作粗放和收获后果实冷藏不当造成的。如果能注意做好每个操作环节，则会大大降低果实的损耗率。重要的操作步骤包括：从田间运输到预冷地点→预冷后用膜覆盖放入专用果箱→将专用果箱用冷藏车运到分类中心→卸下专用箱放入库中→再次将专用箱装车入冷藏车→将专用果箱运到零售贮藏处卸下并贮藏好→再将小包装果盒放入仓库→放入低温展示出售台。在这一系列的操作环节中，任何一点错误操作都会造成果实受害和不能出售。但如果收获和贮存每一环节技术严格到位，将高质量的鲜食果实保存 10 天是可能的。

　　注意在运输中的每一步都使果实保持冷却和覆盖，绝不能将果实放在没有冷藏设备的地方。为了使果实专用箱周边的空气在各个方向上自由流通，运输车上的果实专用箱要相互隔开一点距离。如果专用箱接触地板或边壁，箱内温度可上升多达 11℃，因此果箱一定不要直接放在车轮背面上方，应该选择震动影响小的冷藏车和装载方式。

第九章　树莓病虫鸟害的防治

在树莓生产中，防治病、虫、鸟害等是栽培管理中的重要环节。各种病、虫、鸟害危害树莓的叶片、茎干、根系及花果，可造成树体生长发育受阻，导致减产或绝收，使果实的商品价值降低甚至失去商品价值。病、虫、鸟害的防治应坚持"预防为主，综合防治"的方针，重点应用农业措施、生物措施和物理措施，科学使用化学措施，实现病、虫、鸟害的有效控制，并对环境和产品无不良影响。

榆林目前引种的红树莓还没有发现大面积的病虫害，应采用预防为主的农业综合防治措施。一是合理密植，加强田间管理，保证株丛通风透光条件。二是平衡施肥和灌水，提高植株抗性。三是清理田间落叶落果。春季红树莓发芽前，使用3~5波美度的石硫合剂喷施全园，预防螨类和多种病害，秋季清扫园地，将病枝、结果母枝、残枝、落叶、落果等集中烧毁，减少病虫侵染来源。四是生物措施和化学防治相结合，使用农药应符合GB4285的要求。

红树莓的病虫害较少，主要有灰霉病和根腐病，其次是早春虫害。可用100~1200倍的速克灵或70%甲基托布津1000倍液或50%多菌灵800倍液防治灰霉病；用50倍的福尔马林或200倍的

多菌灵根部消毒防治根腐病；用 2.5% 的速灭杀丁 2000~2500 倍液防治早春害虫。在冬季耕翻时进行清园，亦可采用一些农业措施和药剂防治相结合进行防治。

一、树莓主要虫害

1. 树莓小花甲虫的防治

树莓小花甲虫属鞘翅目小花甲科。成虫为害树莓的花蕾、花和叶，幼虫为害果实。成虫在土下 15~20 厘米处越冬，第 2 年春季 4 月末、5 月初当地气温升到 12℃时，成虫出土，转到各种开花植物上，取食花药和花粉，为害花蕾。

防治方法：当花蕾伸出和成虫产卵前喷施 1000 倍的 50% 辛硫磷。

2. 树莓透羽蛾的防治

树莓透羽蛾主要以幼虫蛀食枝条髓部，上下串食为害。受害枝条越冬后枝条易抽干，展叶结果后常折断。

防治方法：6 月中旬成虫羽化高峰时，喷 2.5% 敌杀死，或 20% 速灭杀丁乳油 3000~4000 倍液或敌敌畏和辛硫磷等量混合液 1000 倍液，均有很好的防效。

3. 树莓金龟子的防治

金龟子以成虫取食树莓的嫩叶、花蕾，重者叶成网状，花朵被食光。幼虫为害树莓主茎幼芽韧皮部和根部。

防治方法：春季彻底清除果园周围的灌木和杂草，使成虫无处隐藏，以减少对植株的危害。翻地消灭地下害虫的幼虫。药物防治

是在开花前用 50% 敌敌畏乳油 1000 倍液或 50% 辛硫磷乳油 1000 倍液喷施效果好。

4. 树莓果蝇的防治

果蝇成虫虽然对树莓生长影响不大，但果蝇幼虫、蛹生长在成熟的果实内，被害后的果实逐渐软化、颜色变深、腐烂，若不严格把控蛆虫果，将严重影响树莓的产量和质量。

防治方法：在果实成熟前 25 天，用拟除虫菊酯、高效氯氰菊酯 3000 倍液等药剂，间隔 5~7 天喷 1 次，连喷 2 次。防治时，应先喷果园周围，避免把虫赶出果园，提高杀虫效果。在果实膨大期至采收时间，大面积悬挂果蝇诱惑剂（甲基丁香酚），诱杀成虫，从而减少产卵量。将诱捕器悬挂于离地面 1.5 米左右的树冠上，每 667 平方米挂 10~15 个瓶，选用梅花式排列。

二、树莓主要病害

1. 树莓根腐病的防治

症状：根腐病也称烂根病。栽植地块潮湿、阴凉、通风差是发病因子。病株在萌芽后整株或部分枝条萎蔫，叶片向上卷缩，新梢抽生困难，有的甚至花蕾皱缩不能开花或开花不坐果，枝条呈失水状，皮层皱缩，有时表皮还干死翘起呈油皮状。

防治方法：用 70% 甲基托布津 1000~1500 倍液，或 50% 硫黄悬浮剂 150~300 倍液灌根施治。

2. 树莓灰霉病的防治

症状：在开花前遇几天阴雨或空气潮湿，日平均气温达 20℃

以上时花即受感染，花蕾和花序上被一层灰色的细粉状物所覆盖，在晴天气温升高，湿度降低时，花、花柱、花柄和整个花序变成黑色枯萎，形似火疫病。果实感病后，小浆果破裂流水，变成果酱状腐烂，烂果除少数脱落外，大部分干缩成灰褐色僵果，经久不落。

防治方法：开花初期和幼果形成期，选用 50% 可湿性万霉敌 1000~1500 倍液，或 70% 甲基托布津 1000~1500 倍液喷雾 1~2 次，防治效果很好。注意果实采收期不可用药，防止药物残留，影响品质。采前 15 天即不可用药。

3. 树莓茎腐病的防治

症状：茎腐病病菌在被感染的枯死枝或残桩、地面残落物上越冬，第 2 年雨季在高温、高湿条件下病菌大量发生，随风、雨水传播到初生茎上。感染从初生茎的伤口发生，起初在感染区布满细小的黑色病斑，继而在茎的侵入口下方呈环状或茎的一侧上下延伸感染。茎的木质部致病后变成水浸状、暗褐色，易纵向破裂，表皮翘起块状剥落，叶片变小、枯黄，最后整株枯死。

防治方法：防止初生茎受伤，避免造成不易愈合的伤口；果实采收后，彻底清除结果老茎枝、病枝、病叶等，减少菌源；花初期喷药，用 65% 万霉灵超微可湿性粉剂 1000~1500 倍液，0.3~0.4 波美度的石硫合剂，连喷 2 次；休眠期喷药，越冬埋土防寒前喷 4~5 波美度的石硫合剂 1 次，春季上架萌芽前，喷 4~5 波美度的石硫合剂 1 次。

三、树莓鸟害

鸟害是树莓生产的一个大问题。树莓成熟时果实甜美，呈红

色，是许多鸟类偏爱的食物。特别是麻雀喜欢啄食树莓果实，造成树莓产量降低，果实质量下降。大的鸟类常吞食浆果，小的鸟类则将浆果啄破后啄食，有的鸟还将大量果实啄落在地，落地的果实鸟还不食用，而是继续啄落果实。简易的防治方法是在田间树立稻草人。最有效的方法是在田间张挂防鸟网，但成本也相当可观。因此只能经常人工巡查，驱逐鸟类，防治鸟害。

第十章 树莓果实的加工、贮藏与运输

树莓果实的用途非常广泛，但果实易碎，因此，红树莓都用于产品深加工。大部分用于加工果酱、蜜饯等产品。很少一部分红树莓用于鲜食，其余的用于单冻果，或制成果汁、酸奶、果酒等。欧美等国家已开发出数百种树莓产品。树莓在榆林市的栽培面积和产量还未达到大规模产业化加工的要求，但随着栽培规模不断扩大和市场需要，对先进加工技术和设备的需求也会逐步增加。因此，有关技术部门尝试了该方面的研究，特别是与北京林业大学进行技术合作，利用北林大的技术和设备平台，项目取得了显著的成果。

一、加工

1. 速冻保鲜果

速冻保鲜果是指对采摘后的新鲜果实进行的速冻冷藏，一般采用流态床作业。采摘后的果实进入工厂后，首先进入预冷车间在大托盘内将果柄、叶片、杂物等挑选干净。然后进入速冻车间，在流态床上运转，再次挑选杂质，确保速冻果实的质量。速冻后的果实进行简单的包装后在冷库内存放。

2. 浓缩果汁

树莓浓缩果汁主要采用真空蒸发浓缩，浓缩果汁中不含添加剂，不含色素、防腐剂、香精等。浓缩比例一般为 8 ：1 左右。浓缩果汁体积小，便于运输和贮藏。

3. 树莓果酱

（1）主要原料

树莓果、白砂糖、柠檬酸、水。

（2）工艺流程

树莓鲜果—剔除霉烂果及杂质—清洗—破碎—调整浓度—调酸—真空浓缩—预热—灌装密封—杀菌冷却—成品包装。

（3）操作要点

①树莓原料的处理 选择新鲜、色泽鲜红、无霉烂的树莓果实为原料，剔除树叶、树枝等杂质，清水洗净。

②原料的破碎 将洗干净的树莓果实用孔径为 6 毫米的螺杆式打浆机破碎。

③调酸 由于果酱的糖含量较高，将果酱的 pH 值用柠檬酸调至 3.5 以下。

④调整浓度 调酸后的原果浆与白砂糖按 10 ：9 的比例加入白砂糖后进行搅拌。

⑤真空浓缩与一次杀菌 将调配好的果酱置于真空锅中，加热温度为 65~75℃，真空度保持在 0.06~0.07MPa。将真空搅拌后的物料，在搅拌状态下加热至 85~87℃，保持 7 分钟，这样能较好地保留酱中的热敏成分，不会影响果酱特有的芳香风味。

⑥灌装封口　将浓缩好的果酱装入玻璃瓶中，装入量距瓶口 8~10 毫米，果酱灌装温度不应低于 82℃，装瓶后要立即加盖、封口。

⑦杀菌冷却　将灌装封口完好的果酱产品通过喷淋杀菌机杀菌，杀菌一段温度为 92~95℃，保持 8 分钟；杀菌二段温度为 95~97℃，保持 9 分钟。为防止玻璃瓶温度骤降而破裂，冷却采用两段式降温，冷却一段温度为 60~45℃，保持 8 分钟；冷却二段温度为 35~20℃，保持 7 分钟。产品冷却后的中心温度达到 38~40℃。

⑧成品　将冷却好的果酱贴标签、喷码、装箱，置于通风、阴凉的库中保存。

4. 树莓酸奶

（1）主要原料

鲜牛奶、白砂糖、菌种、树莓果酱。

（2）工艺流程

鲜牛奶—杀菌—冷却—加入活化的菌种—培养发酵—加入适量的树莓果酱—搅拌—冷藏后熟—成品。

（3）操作要点

①原料检查　使用前按要求检查所用食用原料的品质、型号和感观指标，正常时方可使用。

②灭菌　灭菌时一定要达到 105℃并维持 20 分钟，保证彻底灭菌。

③接种、发酵培养　接种要在无菌条件下进行操作，发酵培养的条件为 45℃和 3 小时。

④冷却　发酵后快速冷却到38℃，以抑制乳酸菌增殖，然后继续冷却到18℃左右，此时在不断降温的条件下开始搅拌，同时加入树莓果酱，约10℃时进行装罐，继续冷却至6℃左右置于冷藏柜冷藏后熟，经过12~14小时后即为成品。在各个降温阶段必须严格控制好时间，因为冷却过快或过慢对成品质量都有影响。冷却过快时会使成品风味变坏，冷却过慢时又会促使细菌增殖，导致产酸过度，有第2次发酵的危险。

⑤搅拌　对于搅拌型酸奶来说，完成搅拌的最佳机械处理是最重要的。搅拌开始时宜用较慢速度，然后用较快速度，整个过程不要超过30分钟。使用手动搅拌法，凝胶体pH值4.4~4.6，温度12~15℃时搅拌效果最好。

⑥冷藏后熟　装罐后的酸奶在2~6℃的条件下冷藏12~14小时后即可食用。这个过程主要是促进酸奶芳香成分产生，提高产品的黏稠度，以形成产品良好的滋味和组织状态，使成品酸奶口感细腻绵蜜。

5. 树莓饮料

（1）主要原料

树莓、白砂糖、果胶酶、柠檬酸。

（2）工艺流程

树莓—清洗—破碎—酶处理—榨汁—过滤—澄清—调配—过滤—灌装封口—杀菌—冷却—贮藏。

（3）操作要点

①酶处理　为了提高出汁率，树莓果在清洗后要加入果胶酶，

酶解温度为 50℃，加酶量为 0.4%，酶解时间为 3 小时。

②澄清处理　将粗滤后的果汁置于 4℃的环境中自然沉降 12 小时，弃去沉降物即得澄清透亮的原果汁。

③调配　测定原果汁的糖度、酸度，添加纯净水，测定稀释后果汁的糖度和酸度，再通过添加白砂糖、柠檬酸，使得饮料酸甜度适宜。调配后搅拌均匀，静置待配料溶解充分再进行过滤。

④过滤　采用减压抽滤或板框过滤机，后者较前者过滤效果更好。

⑤杀菌　将饮料罐装封口后在 100℃的沸水中杀菌 10~15 分钟。

6. 树莓多糖提取工艺路线（北林大）

多糖（polysaccharide）是由多个单糖分子缩合、失水而成，是一类分子结构复杂且庞大的糖类物质。凡符合高分子化合物概念的碳水化合物及其衍生物均称为多糖。

多糖在自然界分布极广，亦很重要。有的是构成动植物细胞壁的组成成分，如肽聚糖和纤维素；有的是作为动植物贮藏的养分，如糖原和淀粉；有的具有特殊的生物活性，像人体中的肝素有抗凝血作用，肺炎球菌细胞壁中的多糖有抗原作用。多糖的结构单位是单糖，多糖相对分子质量从几万到几千万。结构单位之间以苷键相连接，常见的苷键有 α-1，4-、β-1，4- 和 α-1，6- 苷键。结构单位可以连成直链，也可以形成支链，直链一般以 α-1，4- 苷键（如淀粉）和 β-1，4- 苷键（如纤维素）连成；支链中链与链的连接点常是 α-1，6- 苷键。

由 1 种类型的单糖组成的有葡萄糖、甘露聚糖、半乳聚糖等，由 2 种以上的单糖组成的杂多糖（hetero polysaccharide）有氨基糖的葡糖胺葡聚糖等，在化学结构上实属多种多样。多糖具有免疫、抗病毒、抗癌、降血糖、美容、乳化等作用。

以榆林 2018 年产红树莓冻果为原料，用超声辅助法提取红树莓多糖。通过分析提取溶剂、提取时间、料液比 3 种因素，以多糖得率为指标，探究树莓多糖高效溶出的工艺路线。

（1）分别用蒸馏水、70% 乙醇、80% 乙醇、90% 乙醇探究提取树莓多糖的提取率。对比乙醇溶液，蒸馏水对树莓多糖的提取效果较弱。乙醇溶液随着乙醇浓度的增加，多糖提取率也随之增加。当乙醇浓度为 90% 时，多糖提取率达到 3.6%。对提取溶剂的筛选表明，乙醇较适合树莓多糖的提取，而且浓度较高的乙醇有助于多糖的提取。

（2）探究分别提取 30 分钟、40 分钟、50 分钟时，树莓多糖的提取率。树莓多糖的提取率随着提取时间的延长而提高，当提取时间达到 50 分钟时，多糖提取率达到 2.7%。

（3）探究分别以料液比 1∶3、1∶4、1∶5 提取树莓多糖时，所得的提取率。随着提取溶剂用量的增加，提取率反而下降，这是由于乙醇过多导致多糖样品密度较小。

最终经过分析得出：在提取溶剂为 90% 乙醇，提取时间为 50 分钟，料液比为 1∶4 时，树莓多糖提取率达到最高。

7. 树莓益生菌饮料的开发（北林大）

将树莓多糖作为碳源之一分别对植物乳杆菌 121、嗜酸乳杆菌

NCFM、动物双歧杆菌进行培养，观察树莓多糖对益生菌生长的影响。发现，对于植物乳杆菌 121，以树莓多糖作为碳源之一，可以达到和以葡萄糖作为唯一碳源同样的生长情况，说明树莓多糖可以为植物乳杆菌生长提供碳源；而对于嗜酸乳杆菌 NCFM，树莓多糖则不能为其利用；对于动物双歧杆菌，添加树莓多糖的活菌数可达到 1×10^9 CFU/ 毫升，远远超过普通 BBL 培养基的活菌数，说明树莓多糖对于动物双歧杆菌的生长有极大的促进作用。

因此，树莓多糖对于肠道菌群的生长有一定的促进作用。可尝试开发树莓双歧杆菌饮料，即在双歧杆菌液中添加 5 克树莓多糖提取物混合发酵，饮料的活菌数范围为 9.61~10.82 克（log CFU/ 毫升）。

8. 树莓果酒

（1）主要原料

高活性干酵母、果胶酶、亚硫酸氢钠、无水碳酸钠、蔗糖、碳酸氢钠。

（2）工艺流程

树莓原料—破碎—打浆—添加果胶酶—过滤取汁—灭酶——调节 pH 值—成分调整—主发酵—过滤—后发酵—澄清—陈酿—杀菌—成品。

（3）操作要点

①原料选择与处理　采摘成熟度高，无病虫害的新鲜树莓，清洗干净后冷冻备用。在破碎前适当解冻，进行打浆。

②添加果胶酶　为了提高出汁率，树莓打浆后应立即添加果胶

酶。果胶酶可以软化果肉组织中的果胶物质，使之分解生成半乳糖醛酸和果胶酸，使浆液中的可溶性固形物含量升高，增强澄清效果和提高出汁率。

③成分调整　添加少量的碳酸钠和碳酸氢钠，将果汁的 pH 值调为 3.5~4.0，添加蔗糖调节果汁含糖量为 160~200 克/升。

④发酵　主发酵，将调整好的果汁在 75℃水中灭菌 10~15 分钟后移至超净工作台，待温度降至室温后将活化后的酵母液接入果汁中，在适当温度条件下发酵，发酵过程中及时进行搅拌，一般时间为 6 天左右。后发酵，将经过主发酵后的发酵醪过滤，同时滤液混入一定空气，部分休眠的酵母在 20℃左右发酵 10~14 天。

⑤澄清　选用壳聚糖作为澄清剂，按 0.5 克/升添加壳聚糖，在室温条件下静置 72 小时后即得澄清透亮的树莓原酒。

⑥陈酿　经澄清后的原酒进行密封陈酿，在 20℃以下陈酿 1~2 个月，酒液尽可能满罐保存以减少与氧气的接触，否则会影响酒的品质。

⑦装瓶与杀菌　树莓酒装瓶后，置于 70℃水中灭菌 15~20 分钟，取出冷却后即得成品。

9. 树莓果酒产品的检测分析（北林大）

通过对比 2017 年与 2018 年两个年份树莓果酒的理化指标，找出了影响树莓果酒酿造工艺的关键因素。

表 11　两种年份树莓果酒的理化指标

酒样编号 理化指标	2018	2017
还原糖含量（克／升）	25.324±0.645a	11.387±0.333b
总酸含量（克／升）	28.323±1.414a	18.279±0.412b
pH 值	3.17±0.14a	3.27±0.01a
挥发酸含量（克／升）	2.280±0.201a	1.349±0.147b
酒精度	7.08±2.14a	11.99±2.30b
花色苷含量（毫克／升）	33.070±2.160a	15.591±0.923b
单宁含量（毫克／升）	4622±170a	2572±19b
总黄酮含量（毫克／升）	244.923±6.944a	168.100±8.777b
总酚含量（毫克／升）	1766±44a	1397±69b
DPPH 自由基清除率（%）	94.20%±1.77% a	86.71%±0.25% b
L 值	69.004±0.445a	36.754±2.627b
a 值	31.642±0.709a	59.495±0.148b
b 值	25.344±1.009a	48.401±2.275b
Cab（%）	96.00%±6.93% a	45.33%±1.53% b
Hab（°）	60.75°±4.72° a	58.39°±1.55° a

　　注：表中数据对每年份的三份平行酒样计算平均值、标准差，并进行显著性分析，每一列数字中的不同字母代表了显著性差异，且 $P < 0.05$。

　　由表 11 可以看出，2018 年份的树莓果酒相较于 2017 年份的树莓果酒，在还原糖含量、总酸含量、挥发酸含量、花色苷含量、单宁含量、总黄酮含量、总酚含量、DPPH 自由基清除率、酒精度、L 值、a 值、b 值等指标上均存在显著性差异，而 pH 值不存在显著性差异。

2018 年份的树莓果酒陈酿时间较短，还原糖、总酸、花色苷、总黄酮、单宁、总酚含量较高，而 2017 年份的树莓果酒相比之下含量都有所下降。2017 年份树莓果酒的 DPPH 自由基清除率高达 86.71% 以上，而年份较短的 2018 年份树莓果酒的 DPPH 自由基清除率更是高达 94.20%。但两个年份的树莓果酒都有明显的挥发性乙酸气味，并且挥发酸含量都严重超标，2017 年份的果酒挥发酸高达 1.349 克/升，2018 年份的树莓果酒挥发酸含量高达 2.280 克/升；从 L 值、a 值、b 值来看，2018 年份的树莓果酒饱和度较高、明亮度高，2017 年份的酒偏红与黄。

对比得出，树莓果酒的陈酿时间是影响酿造工艺的关键因素。

10. 树莓果酒品质改进的关键方法

根据树莓果酒酿造工艺关键点的研究，课题进一步对 2017 和 2018 两组年份的树莓果酒进行了外观、口感熟悉度、苦度等评价，得到了改进果酒品质的关键方法。

本次感官评价从外观、香气、口感 3 个方面进行评分。由外观、香气评价雷达图可知，两组年份的四款酒的香气、外观方面差别不大，颜色评分都比较高，酒体的颜色偏深；在香气浓郁度方面，整体打分较低，说明香气较淡。整体来看，结合显著性差异分析，2017 年与 2018 年两年份酒样在香气上无显著性差异，但是在外观描述上，从颜色熟悉度、颜色深浅、澄清度 3 方面来看都存在显著性差异。

由口感评价数据分析结果可知，在甜度、酸度、涩度、余味强度这 4 项评价指标上，2017 年份与 2018 年份的酒无显著性差异，

而在口感熟悉度、苦度这 2 个口感评价指标上，2017 年份与 2018
年份的酒存在显著性差异。2018 年份的两款酒口感熟悉度较差，
苦度也相对较低，但在甜度、酸度、涩度、余味强度方面，两年份
的酒得分比较接近。

2017 年份的两款树莓果酒中有比较多的化学类气味，挂杯度
情况较好，透明度高，呈红色色调，口感偏酸、偏涩，余味较多。
2018 年份的两款树莓果酒中浆果类、水果类气味较重，带有少量
桂花、枸杞、杏仁等坚果类、花香类气味，略带一点刺鼻的化学
味，颜色接近紫色甚至是黑色，较为黏稠，挂杯度比较高，酸味
较重。

由感官评价看出，要改进树莓果酒品质的关键主要是在贮存期
间如何有效抑制杂菌繁殖，防止杂菌污染。

二、贮藏

冷冻树莓果实的贮藏温度在 −17℃较为适宜。温度过高，果
实易松软变形；温度过低，果实硬度加大，容易破碎，降低果实商
品率。

树莓浓缩果汁一般用锡箔无菌进行密封保存，一般每桶为 150
千克。浓缩果汁一般存放在 15℃以下的环境中，在常温下也可存
放 1 个月左右。

三、包装和运输

树莓的包装根据客户要求不同、质量大小，包装物也有差别。

（1）选果

包装前在冷冻室内将速冻后的树莓果实再次进行挑选，将霉变、不成熟果、破碎果和杂质挑选干净，破碎果粒在 5% 以内为 A 级果实。

（2）包装

根据市场的需要对速冻果实进行包装。目前树莓速冻果实主要出口欧美等国家，一般采用无菌塑料袋包装，每袋质量为 2.5 千克、5 千克或 10 千克，纸箱采用标准出口纸箱。

（3）运输

树莓速冻果实大多采用冷藏集装箱运输，运输途中必须保证冷藏箱内温度在 $-17℃$。

参考文献

[1] 中国植物志编辑委员会.中国植物志 [M].北京：科学出版社，1998.

[2] 张清华，王彦浑，郭浩.树莓栽培实用技术 [M].北京：中国林业出版社，2014.

[3] 张浩鹏，李国东，魏九峰，等.红树莓提取物抑制肝癌 SMMC-7721 细胞增殖的实验研究 [J].中国肿瘤，2019，28（2）：155-160.

[4] 徐丽萍，王鑫，吴媛媛.红树莓多糖具有降血脂作用 [J].食品工业科技，2018，22：293-297.

[5] 杨婷婷.树莓的研究现状及开发利用 [J].四川林业科技，2013，03：29-33.

[6] 卞贵建.树莓品质评价及其 PAPD 反应体系的建立与优化 [D].四川农业大学，2005.

[7] 许平飞.我国树莓研究现状及产业化产景分析 [J].中国园艺文摘，2016，06：50-52.

[8] 迟超，杨宪东，孙琪，等.不同品种红树莓果籽营养成分分析 [J].食品与发酵工业，2017（12）.

[9] 傅俊范，傅超，严雪瑞．辽宁树莓病虫害调查初报[J]．吉林农业大学学报，2009，31（5）：661-665.

[10] 黄庆文．树莓及其丰产栽培技术[M]．北京：中国农业出版社，1998.

[11] 梁文珍，解灵艺，田晓岭．树莓营养果冻的研制[J]．农产品加工，2006.

[12] 周如军，韩霄，傅超．树莓灰斑病病原生物学研究[J]．吉林农业大学学报，2009，31（5）：669-675.

[13] 刘玉春，王俊伟，李润国．发酵材每乳饮料生产工艺的研究[J]．试验报告与理论研究，2008，11（10）.

[14] 杨燕林，和加卫，唐开学．云南树莓病虫害调查初报[J]．植物保护，2009，35（1）：29-131.

[15] 屈小媛，田维荣，杨飞．黑树莓酸奶的研制[J]．保鲜与加工，2011，11（5）.

[16] 王静华，树莓果脯及果酱加工工艺[J]．保鲜与加工，2003，003（6）.

[17] 王文芝．树莓果实营养成分初报[J]．北方园艺，2001，25（2）：13-14.

[18] 王彦辉，张清华．树莓优良品种与栽培技术[M]．北京：金盾出版社，2003.

[19] 文连奎，刘洪章．树莓果茶加工技术研究[J]．吉林农业大学学报，1995，017（a01）.

[20] 张志事，魏雪生，李淑芳．树莓复合果汁的研制、保鲜与加工[J]．2011，11（1）.

[21] 严雪瑞，傅俊范，于舒怡．辽宁树莓灰霉病流行调查及原因分析[J]．吉林农业大学学报，2009，31（5）：672-674.

[22] 张海军，王心解，张清华．国内外树莓产业发展现状研究[J]．林业实用技术，2010，10.

[23] 张晓宇，赵迎丽，闫根柱.树莓气调贮研究初报[J].保鲜与加工，
    2009（4）：22-24.

[24] 于强波.设施蓝莓栽培技术[M].北京：化学工业出版社，2017.

[25] 任杰.2017宁夏地区树莓新品种引进与适应性[J].北方园艺，2017
    （24）：72-76.